百读不厌的科学小故事

［韩］具本哲　主编

天气精灵出没！

［韩］吴允静　著　［韩］赵娴淑　绘

李　民　译

上海科学技术文献出版社

Shanghai Scientific and Technological Literature Press

未来的人才是创意融合型人才

翻阅这套书，让我想起儿时阅读爱迪生的发明故事。那时读着爱迪生孵蛋的故事，曾经觉得说不定真的可以孵化出小鸡，看着爱迪生发明的留声机照片，曾想象自己同演奏动人音乐的精灵见面。后来我亲自拆装了手表和收音机，结果全都弄坏了，不得不拿去修理。

现在想起来，童年的经历和想法让我的未来充满梦想，也造就了现在的我。所以每次见到小学生，我便鼓励他们怀揣幸福的梦想，畅想未来，朝着梦想去挑战，一定要去实践自己所畅想的未来。

小朋友们，你们的梦想是什么呢？由你们主宰的未来将会是一个什么样的世界呢？未来，随着技术的发展，会有很多比现在更便利、更神奇的事情发生，但也存在许多我们必须共同解决的问题。因此，我们不能单纯地将科学看作是知识，为了让世界更加美好、更加便利，我们应该多方位地去审视，学会怀揣创意、融合多种学科去思维。

我相信，幸福、富饶的未来将在你们手中缔造。

东亚出版社推出的"百读不厌的科学小故事"系列与我们以前讲述科学的方式不同，全书融汇了很多交叉学科的知识。每册书都通过生活中的话题，不仅帮助读者理解科学（S）、技术（TE）、数学（M）和人文艺术（A）领域的知识，而且向读者展示了科学原理让我们的生活变得如此便利。我相信，这套书将会给读者小朋友带来更加丰富的想象力和富有创意的思维，使他们成长为未来社会具有创意性的融合交叉型人才。

韩国科学技术研究院文化技术学院教授　具本哲

变化无常的天气如何预测？

我十分不喜欢寒冷的天气，每到冬天，我一天会看好几次天气预报。每天早上都发愁："今天得穿几层衣服？是不是得穿带毛的鞋子？"

小时候，我甚至抱怨："天气为什么会这么冷？如果没有冬天该多好！"

自从在科学课上学习了有关天气的常识后，我不再抱怨。因为我明白了，天气是自然现象，天气的出现有它的理由，也就是它的科学原因。

但相对于寒冷的冬天，我依然喜欢温暖的春天和秋天，更喜欢炎热的夏天，但我似乎也知道了冬天的重要意义。

科学让我掌握了大量的自然知识，拓宽了我对自然的认知，后来又发展为对于技术发展的了解，还让我感受到了其中的美。

精巧轻便的设备和机器让人类的生活变得丰富多彩，在这一过程中，社会和文化艺术融为一体，又促进了科学和技术的发展，也朝着更好的方向融合。

本书讲述了观测和利用天气的过程中，所发生的科学、技术、工程、数学、人文以及艺术的相关故事。

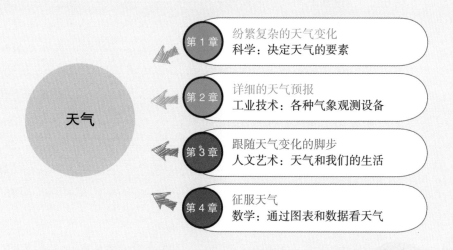

天气

第1章	纷繁复杂的天气变化 科学：决定天气的要素
第2章	详细的天气预报 工业技术：各种气象观测设备
第3章	跟随天气变化的脚步 人文艺术：天气和我们的生活
第4章	征服天气 数学：通过图表和数据看天气

希望这本书能够让读者小朋友了解天气常识，认识到人和天气之间割舍不断的关系，了解云、风、雨和雪的相关常识。

吴允静

目　录

第3章　跟随天气变化的脚步

第4章　征服天气

第 1 章

纷繁复杂的天气变化

遇见天气精灵

"今天阴有雨，本次降水将一直持续到周末。"

宝丽和**奎利**正在吃早饭，电视中突然播报了天气预报。

"天哪，怎么办啊！我们要去田野实践，下雨怎么能行？"

宝丽和奎利同时大声尖叫起来。

宝丽和奎利是一对双胞胎，但性格完全不同。姐姐宝丽性格文静，很有上进心，弟弟奎利却遇到什么事情都爱抱怨，还很懒惰。

但偶尔也有心有灵犀的时候。难得心灵相通的姐弟俩高兴地举起筷子打了个X，兴奋地齐声喊道：

"老天呀，千万不要下雨，我们是天下无敌的宝丽奎利特工

哈哈，宝丽奎利特工队出动！

咦，窗户那儿好像有什么声音。

队。**耶**！"

这时，突然传来了一个声音。

"你好，我是天气精灵，天气的事情什么都难不倒我。"

宝丽和奎利**吓了一跳**，寻声望去，只见一只可爱的精灵从窗户跳进来。

"真的吗？那能事先知道我们去田野实践那天的天气吗？"

"当然了。不过，我们先学习一下气象知识怎么样？"

"不，我可不想学。阴晴不定，一会儿下雨，一会儿下雪，和宝丽姐姐一样**变化无常**的天气，我一点也不想知道。"

想知道天气尽管问我好了，我无所不知、无所不晓。

"多了解一些气象知识，会发现很多有趣的事情。"

"什么有趣的事情？"

听天气精灵这么一说，宝丽平静地问。

"天气会一直晴朗，还是会下阵雨，我们需不需要带伞，天气对我们的生活有什么影响……有意思的事情可多了。"

听到这里，宝丽一下子抓住天气精灵的手，说：

"哇，太好奇了，我已经准备好要来一场气象旅行。"

天气精灵起身一跃，高丽顺手拉上了奎利。

"哎呀，烦死了，干什么还要带上我呀？"

环绕地球的大气

天气精灵念了几句咒语，宝丽和奎利的身子便轻轻地飘了起来。

"哇，我们飘起来了。"

宝丽和奎利看着蚂蚁大的楼房、江河和高山，禁不住连声感叹。

"孩子们，闭上眼睛，**挥动**双臂，感受一下空气吧。"

"哼，哪里有什么空气嘛?"

奎利一副蛮不高兴的表情。

"空气是我们用肉眼看不到的，但我们的周围到处都充满了空气，我们吸气和呼气的时候，空气会跟着进到我们的体内，再出来。"

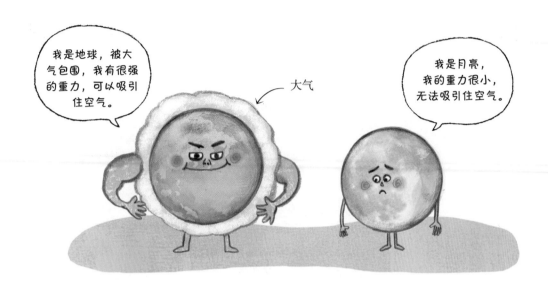

"真的吗? 那空气里面有什么呢?"

宝丽**歪着小脑袋**。

"空气是由我们呼吸时需要的氧气、氮气、二氧化碳、氩气等组成的,其中氧气和氮气占绝大部分,空气层包围着地球,我们称之为大气。地球拥有吸引物体的力——重力,所以被大气团团包围。月亮上没有大气,月亮的重力是地球重力的 1/6,引力很小,所以无法留住空气。"

"哼,要大气有什么用? 没有又怎么样?"

"可别说大话。"

听到宝丽斥责奎利,天气精灵笑着说:

"大气可以保护地球,如果没有大气,宇宙中漂浮的陨石将不断地掉到地球上,地球表面就会像月亮表面一样**凹凸不平**。庆幸的是,掉到地球上的陨石在通过大气层的时候,都燃烧了。"

"哦，原来是大气保护了地球。"

"是啊，大气可以留住地球散发到宇宙中的热量，让地球的温度保持温暖，而且还可以阻挡住来自太阳的有害紫外线。"

"大气的作用那么大么？"

天气精灵对眼前这个充满好奇心的宝丽**刮目相看**。

"当然了，大气有四层，从地面开始分为对流层、平流层、中间层和热层。对流层指的是离地表大概 10 千米的高度，这里集中了 75% 的大气，有很多水蒸气，所以会形成云，并产生雨、雪等各种自然现象。对流层高度越高气温越低。"

宝丽抬头仰望天空说：

"那越往天上走越凉快吗？"

"在对流层里当然是这样了，不过，不是越来越凉快，是越来越冷。"

"看来，炎热的夏天我们应该到高高的天空中去避暑。"

听奎利这么一说，宝丽和天气精灵禁不住**哈哈大笑**起来。

☀ 天气、气象和气候的差异：

天气是某一地区在几个小时或几天内等一定时间间隔内出现的大气状态，也被称作天气现象。气象是指发生在大气中的风、雨、云等各种现象。气候是某一个特定地区在 30 年以上漫长的时间里所出现的大气物理特征的长期平均状态。

空气不为人知的秘密

"天气精灵,我还是没办法相信,除非你可以证明真的有空气存在。"

奎利把**双手交叉**在胸前说。

"好吧,我有一个办法可以证明给你看,你在外面跑跳的时候,是不是能感觉到头发被吹起来,风从脸边和耳边吹过呢?树叶随风摆动,气球撒气时出来的风,这些都告诉我们,空气就在我们周围。"

"啊,这么说风就是空气的流动喽?"

天气精灵点了点头。

"你看下面这两幅图,哪座房子的周围正在刮风呢?"

"哎呀,这太容易了,左边房子烟囱里冒出的烟是往上走的,所以不刮风。"

不刮风时,烟囱里冒出的烟径直上行。

刮风时,烟囱里冒出的烟随着风向向左或向右。

听宝丽这么一说，奎利不甘示弱，立即答道：

"右边房子烟囱里冒出的烟飘往一侧，都是被风吹的。"

"你们俩都太棒了！那你们还知道吗？空气是有重量的。"

宝丽和奎利吃惊地**瞪大了眼睛**，摇了摇头。

"我们虽然感受不到，但是空气也是有重量的。可任何人都不觉得空气很重，这是因为上面的空气和下面的空气互相挤压，两侧的空气也互相挤压，同样的重量在四周互相挤压，所以就感觉不到重量了。不过事实上我们每天都顶着大约 280 公斤重的空气生活。怎么样？重量不轻吧？"

"太神奇了，空气居然还有重量！"

奎利用手掌**敲**了一下脑门说。

"这种空气挤压的力，就是空气的压强，也叫作大气压。当水银柱的高度达到 76 厘米时，这时的气压就被称作标准气压，也就是 1 个标准大气压。标准大气压是由意大利科学家托里拆利首先测量出来的。"

世界上首次测量气压的托里拆利

空气挤压的力有多大呢？我要测一测。

先在1米长的玻璃管里注满水银。

把水银倒在这个容器里。

接下来，把玻璃管倒放过来，静置一会儿。

噢，水银逐渐开始下降了。

水银的高度不再往下走了！

为什么水银在76厘米的地方停止了呢？

76 cm

哦，我明白了，是因为吸引水银的重力和挤压容器里水银的重力相同，所以水银的高度就不再下降了！

76厘米

重力

空气的压强

哦，原来如此！

空气的压强，也就是气压的大小，与将水银柱保持76厘米的重力，大小完全相同。

"我也听说过气压，天气预报中经常说高气压、低气压，那是什么呀？为什么要用那么难的词？"

奎利**不耐烦地**说。

"高气压是指空气比周围多、气压高的地方。反过来，低气压是指空气比周围少、气压低的地方。空气从高气压向低气压移动，风是空气的流动，所以风从高气压吹向低气压。我拿气球跟你解释。"

天气精灵把气球递给宝丽说：

"来，把气球使劲儿吹起来，捏住气球口。这时气球里面聚集了很多空气，气球里面的气压高于气球周围，所以气球里面是高气压，而气球周围和气球里面相比则是低气压。现在你把堵住气球口的手松开。"

宝丽按照天气精灵的话松开手，突然，气球里的空气一下子蹿出来，气球变小了。

"哇，**好爽啊！**"

"气球里的空气使劲蹿到外面，就是空气从高气压向低气压流动的过程，这就是风的原理。"

就是这个！

低气压

高气压

气球里的空气蹿到外面的时候，还带来了一阵风！

海风和山风

天气精灵说带他们去一个地方，给他们看一个有趣的东西。

"哇，大海！"

宝丽和奎利不约而同地欢呼起来。每到这时，宝丽和奎利两个人才会步调一致。周围，海风徐徐。

"海边怎么会有风呢？是不是也有什么原理啊？"

听奎利这么一问，天气精灵点点头笑了。

"白天，从海面到陆地吹海风，晚上正好相反，从陆地到海面吹陆地风。"

"原来风从哪里来，就叫哪个名字啊。"

白天，从海面到陆地吹海风。

"噢，你好聪明啊！那么白天的大海和陆地，哪里是高气压呢？"

在天气精灵的称赞下，喜上眉梢的宝丽开始冥思苦想。

"唔！风是从高气压吹向低气压，那么大海肯定是高气压啦！"

听了宝丽的回答，天气精灵手指一弹，顿时，耳边响起了一阵悦耳的乐曲声。

"太棒了，当周围的温度上升时，空气就会变轻。白天，陆地比海面炎热，所以陆地上的空气向上升起，空气变少，成为低气压。而海面上的空气就是高气压，所以从海面向陆地吹海风。"

"原来是这样，这个原理比想象的简单多了。"

"是啊，反过来，晚上太阳落山，陆地温度降低，陆地就变成了高气压，所以就会吹陆地风。"

随后，天气精灵又带宝丽和奎利来到了山上。

低气压　　　高气压

晚上从陆地向海面吹陆地风。

"山上也是一样，白天和晚上的风向完全不同。"

"是吗？怎么不同？"

"白天，山顶**吸收**太阳光，温度升高，山顶的空气上升，成为低气压状态，这时山谷的气压相对较高，于是风向将由山谷吹向山顶，这个风叫作谷风。反过来，夜晚，山顶空气迅速降温，于是风向会从山顶吹向山谷，这个风就叫作山风。"

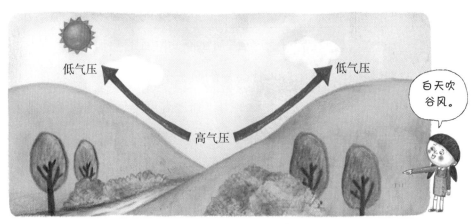

白天从气压高的山谷向气压低的山顶吹谷风。

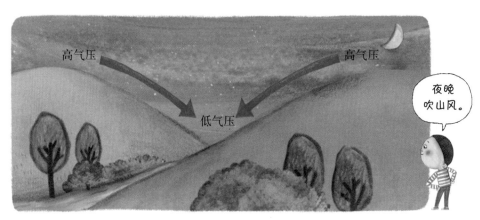

夜晚从气压高的山顶向气压低的山谷吹山风。

"一看到山和大海，我就想起放暑假了。韩国夏天的天气**又湿又热**，这和风有关系吗？"

"是啊，天气和风的关系十分密切。不同季节吹不同方向的风叫季风，季风也对天气有很大的影响。夏天，从炎热、潮湿的东南海面吹来的季风，叫作东南季风，因为东南季风的影响，整个夏天，天气炎热，雨量增多，空气湿度较大。"

"为什么夏天会吹东南风呢？又热又潮，我最不喜欢了。"

奎利**皱着眉头**说。

"夏天，陆地比海面温度上升速度快，所以海面上的空气成为高气压，风向由海面吹向陆地。但是到了冬天，就完全相反，从寒冷、干燥的西北大陆会吹来西北季风，受西北季风的影响，韩国的冬天寒冷、少雨，气候干燥。"

"噢，那一定是因为冬天的时候，大陆比海面温度下降速度快，所以风向从陆地吹向温暖的海面。"

宝丽的回答让天气精灵喜笑颜开。

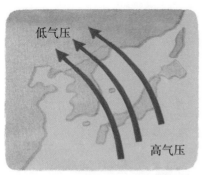

夏天，陆地温度迅速升高，从海面向陆地吹东南季风。

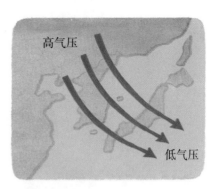

冬天，陆地温度迅速降低，从陆地向海面吹西北季风。

地球上呼啸的大风

"有一件事我很好奇，每个地方吹的风都不一样吗？"

奎利忍不住自己强烈的好奇心问道。

"是啊，每个地方吹的风都不一样，风力的强度也不一样，还有很多**飓风**对地球影响很大。地球的赤道地区太阳光强烈，空气炎热，热空气上升到高空中，流向极地地区，随着空气的流动，空气中的热量也会散发到周围地区，让原本凉爽的空气变重后下沉，其中一部分再返回到赤道附近。"

"哇，原来地球各个地方吹的风这么复杂啊！"

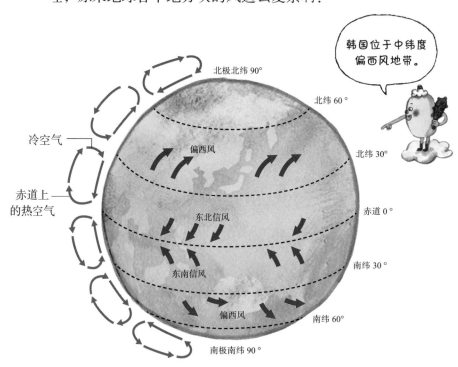

北极北纬 90°

北纬 60°

北纬 30°

冷空气

偏西风

赤道上的热空气

东北信风

赤道 0°

东南信风

南纬 30°

偏西风

南纬 60°

南极南纬 90°

韩国位于中纬度偏西风地带。

"哈哈，没想到这么复杂吧。从副热带高气压带吹向赤道低气压的风叫信风，也被叫作贸易风。很久以前，欧洲人利用这个贸易风乘船出海，同其他的国家进行海上贸易。贸易风对哥伦布发现美洲新大陆也帮了大忙。"

乘着贸易风起航！

"那么离赤道远的地方吹什么风？"

"中纬度地区是指南北纬30°—60°之间的纬度带，这一地区吹偏西风，也就是从西侧吹向东侧的风。韩国地处北纬33°—44°之间，受偏西风的影响较为严重，所以韩国的天气一般都是从西向东发生变化。"

突然狂风四起。

"啊~~"

"抓紧了！"

天气精灵挥了两下魔法棒，搭载双胞胎姐弟俩的云朵迅速飘动起来，一会儿工夫，来到了一个风平浪静的地方。

"这是哪儿呀？"

"这里是台风眼，台风眼就是台风的中心区，这里不刮风。"

17

台风眼

台风通常在每年夏末秋初时节登陆韩国，受偏西风的影响，从西侧吹向东侧。台风的中心地区风力较弱，天气晴朗，被称作"台风眼"。

"哇，台风的中心居然这么风平浪静，简直让人不敢相信。"

"是啊，每年夏天，都会有几场台风登陆我们国家。台风是热带气旋的一种，伴随着大暴雨，最大风速达到 17 米 / 秒，每年平均会生成 80 次左右的台风。"

"**天哪**，我最讨厌台风了。"

"虽然台风给人们带来了数不清的损失，谁都不喜欢台风，但台风也是地球上一种必不可少的自然现象。"

"真的吗？必不可少？"

"是啊，由于台风的活动，赤道附近剩余的热量被带到高纬度地区。阳光强烈的赤道地区太阳能资源充足，但极地地区太阳能资源**匮乏**，随着台风的移动，太阳能资源也跟着一同移动，使地球上

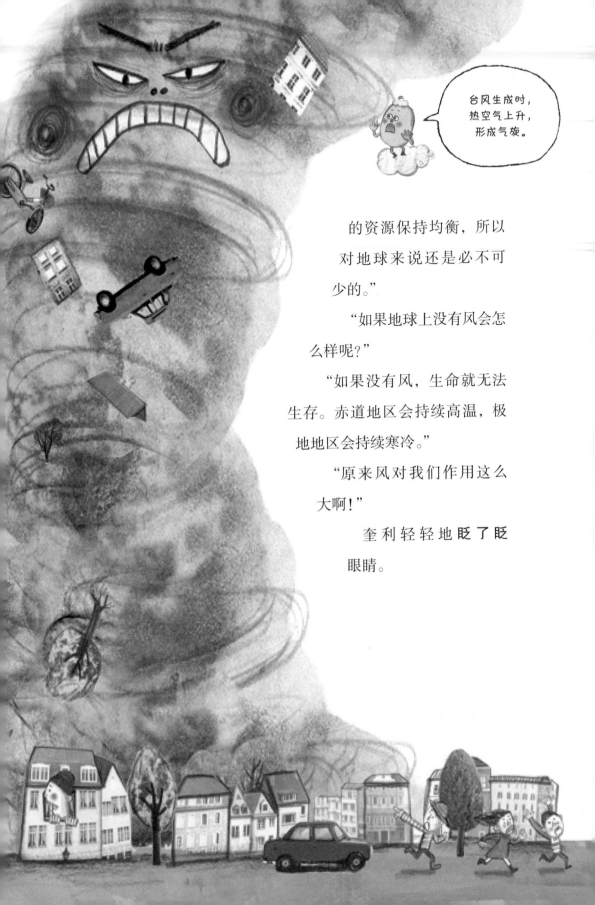

台风生成时，热空气上升，形成气旋。

的资源保持均衡，所以对地球来说还是必不可少的。"

"如果地球上没有风会怎么样呢？"

"如果没有风，生命就无法生存。赤道地区会持续高温，极地地区会持续寒冷。"

"原来风对我们作用这么大啊！"

奎利轻轻地眨了眨眼睛。

气团的较量

"天气精灵，怎么突然间这么**暖和**啦！"

"当然了，我们进到热气团里了。"

"气团？"

"温度和湿度性质相似的空气聚集在一起形成较大的空气团，就叫作气团。气团范围很大，垂直尺度可以达到几千米，水平尺度可以达到几百到几千米。有的气团比整个韩国还大。"

"气团是空气组成的，空气是流动的，那么气团一定也是流动的吧？"

天气精灵又手指一弹，周围又一次响起了一阵悦耳的**乐曲声**。

嘿嘿嘿，我是冷气团。

嘻嘻嘻，我是温暖的暖气团。

啊，冷死了！

啊，好暖和啊！

温暖地区生成的气团是暖气团，寒冷地区生成的气团是冷气团。陆地上生成的气团大多较为干燥，海面上生成的气团水蒸气较多，湿度较大。不同地区生成的气团，性质完全不同。

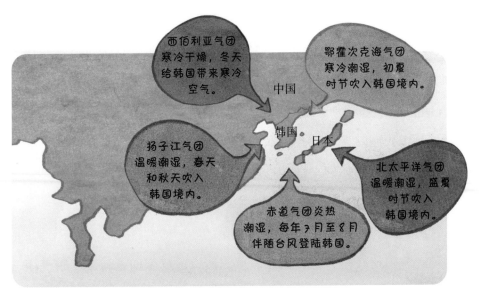

影响韩国天气的气团主要有西伯利亚气团、鄂霍次克海气团、扬子江气团、赤道气团和北太平洋气团。

奎利沾沾自喜地耸了耸肩。

"气团不会始终停留在一个地方,气团也是流动的。当气团到来的时候,这个地区的天气也会受到气团的影响发生变化。当寒冷、干燥的气团到来时,天气也会变得寒冷、干燥。当温暖、潮湿的气团到来时,天气也会变得温暖、潮湿。"

说着说着,天气精灵突然停了下来,看着宝丽和奎利。

"对了,气团中也有像你们一样性格完全不同的气团。"

"你怎么知道我们性格不一样?"

"是啊,你怎么知道我们一见面就**吵架**呢?"

宝丽和奎利惊讶地瞪大了眼睛问道,天气精灵点了点头。

"气团也是,像你们这样性格完全不同的气团碰到一起,也无法和平相处。"

"真的吗?"

"两个性质完全不同的气团之间会出现过渡带，这个过渡带叫作锋面，锋面与地面交界的线叫作锋线，锋线附近两个性质完全不同的气团相遇，天气会发生剧烈变化。"

"就像我们吵架、翻脸再和好吗？"

"没错，就和你们一样。"

天气精灵**笑着说**。

"暖气团和冷气团相遇会怎么样呢？"

"暖气团比较轻，冷气团比较重，所以冷气团向下流动，暖气团向上流动。"

宝丽**一字一句**地认真解释道。这时伴随着悦耳的乐曲声，还响起了一阵清脆的爆竹声。

"当冷气团向暖气团方向移动时，冷气团会进入暖气团内部，形成锋面，这个锋面叫作冷锋。"

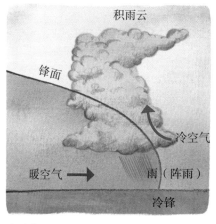

当冷气团主动向暖气团方向移动时，冷气团进入暖气团内部，生成冷锋。

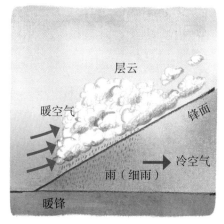

当暖气团主动向冷气团方向移动时，暖气团沿冷气团向上移动，生成暖锋。

"那反过来，要是暖气团向冷气团方向移动会怎么样呢？"

"当暖空气慢慢向上爬到冷空气之上时，形成锋面，这个锋面就叫作暖锋。"

"如果两个相同力气的气团相遇呢？"

"就像两个势均力敌的运动员较量一样，实在不容易决出胜负，这时两个气团僵持在一起，长时间在同一个地方徘徊，形成的锋就叫作静止锋。"

"和我们吵完架谁也不肯先道歉的情况差不多呀。"

宝丽看着奎利**调皮地**眨了眨眼睛。

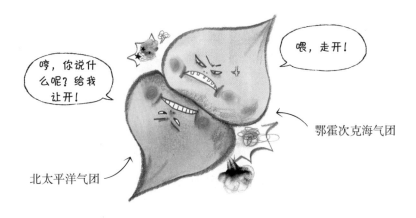

"韩国每年都会出现这种静止锋，就是每年夏初的梅雨锋。梅雨锋是由冷湿的鄂霍次克海气团和暖湿的北太平洋气团相遇产生的。梅雨锋形成后梅雨季节就开始了，连续多日强降雨，2—3周过后，北太平洋气团势力增强，鄂霍次克气团后退，这时候梅雨季节结束。梅雨季节结束后，韩国又会受到北太平洋气团的影响，迎来连续多日的**高温潮湿**天气。"

天空中漂浮的云

"你看那片云!"

"简直**太美了!**"

宝丽和奎利出神地看着天空中的云朵,异口同声地问道:

"云是怎么形成的?"

"靠近地面的空气中含有很多水蒸气,由于地面温度较高,空气受热被抬升,空气升高后,温度逐渐降低,这时空气中的水蒸气附着在凝结核上,形成小水滴。小水滴逐渐增多,聚集到一定数量就形成了云。"

"凝结核是什么?"

"凝结核是水蒸气变成小水滴时必需的颗粒。一般来说,云层中的很多小冰晶,火山爆发时产生的尘埃,燃烧后剩下的灰烬,人类活动排放的大气污染物质,都可以成为凝结核。"

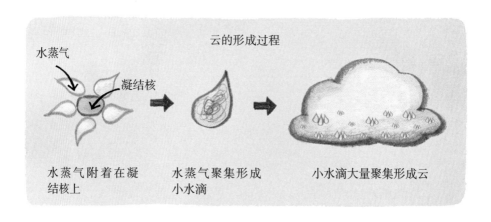

云的形成过程

水蒸气　凝结核

水蒸气附着在凝结核上　　水蒸气聚集形成小水滴　　小水滴大量聚集形成云

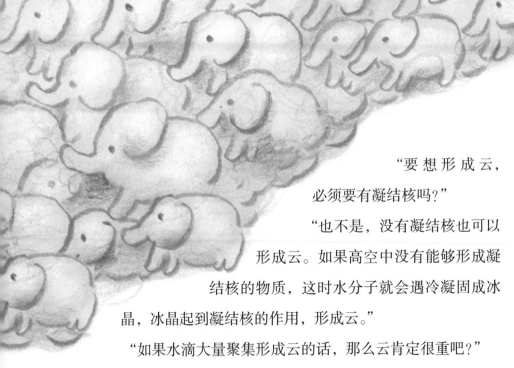

"要想形成云,必须要有凝结核吗?"

"也不是,没有凝结核也可以形成云。如果高空中没有能够形成凝结核的物质,这时水分子就会遇冷凝固成冰晶,冰晶起到凝结核的作用,形成云。"

"如果水滴大量聚集形成云的话,那么云肯定很重吧?"

"是啊,一片长、宽、高 1 千米的云足足有 500 000 千克。亚洲大象的体重大约 5 000 千克,这片云的重量大概相当于 100 头大象的体重之和。"

"什么?天上飘着 100 头大象?"

"云那么重为什么飘在天上不掉下来呢?"

宝丽和奎利一脸茫然地问道。

"因为云层下面的热空气向上运动,可以托起云团。而且根据空气上升的速度和高度,云团的形状也不尽相同。空气流动速度较慢,云层呈现块状,空气上升,云朵则呈现波浪状。"

哇,天上的云居然有 100 头大象那么重?

10 种云

世界气象组织（WMO）将云的种类分为 10 种。这是根据十九世纪初英国气象学家霍华德关于云的分类方法而划分的。

高度
（千米）

12

10

8

6

4

2

0

▲
卷积云（鱼鳞云，5—13千米）
由呈鳞片、波纹或小球状的细小云块组成的云片或云层，云层较薄，透过云层，日、月轮廓清晰可见。

▼
高积云（棉花云，2—7千米）
由较小的圆形云块组成的云层，远远望去像草原上的羊群。

▼
乱层云（雨层云）
云层呈暗灰色，布满天空，完全遮蔽日月，常伴有降雨或降雪。

▼
积云（晴天积云，2—10千米）
云块轮廓分明，云底基本为水平状，顶部为圆弧状，接受阳光照射的一侧呈现白色，在盛夏或初秋季节经常可见。

▼
浓积云（塔云，距地面约2千米）
云块一般较大，有的成条，有的成片，呈现深灰色，两端不太规则，常见于雨前或雨后。

哇，好柔软啊！

云的种类这么多啊！

仔细观察每一种云。

高度
（千米）

▲
卷层云（毛卷层云，5—13 千米）
仿佛一块白色透明的云幕遮盖整个天空，经常可以引发日晕或月晕。

— 12

— 10

▲
卷云（冰云，5—13 千米）
呈白色细丝状，晴空时可见。

— 8

◀
积雨云（雷雨云，距地面约 13 千米）
云层浓而厚，从地面向天空垂直伸展，通常会伴随阵雨、闪电、冰雹或猛烈的风暴。

— 6

▲
高层云（末日云，2—6 千米）
带有灰色条纹状或纤缕结构的云幕。云层掩蔽整个天空时，太阳被遮蔽，当云层较薄时，可以看到昏暗不清的日月轮廓。

— 4

▼
层云（雨层云，距地面约 2 千米）
云体均匀成层，云层较低，似雾，但不与地接，常笼罩山腰。

— 2

— 0

下雨的日子

"哎呀，好凉啊！下雨了。"

天气精灵赶紧拿起魔法棒一挥，宝丽和奎利面前出现了雨衣、雨伞和雨靴。

"嘿嘿，只要有雨靴，我最喜欢的就是下雨天了。"

奎利高兴地在雨水中**蹦来蹦去**，宝丽抬头看了看天空。

"天气精灵，我觉得很奇怪，雨是从哪里来的呢？"

"雨是由云'变'来的，云中的小冰晶不断吸附水蒸气，小冰晶越来越大，从云中掉落下来，掉落时与暖空气相遇融化，就形成了雨。"

我最喜欢下雨天了！

雨是云里的冰晶融化掉落下来形成的。

哦，原来是这样！

"如果云里没有小冰晶就不下雨了吗？"

在雨水中玩耍的奎利**突然**插嘴问道。

"也不是，云里即便没有小冰晶，只要有小水滴，小水滴互相凝结，变得越来越大，也会形成雨。"

"雨滴到底有多大？它的速度到底有多快呢？它跑得太快了，想观察它下降的过程都看不到。"

奎利**满心不悦**地说。

"雨滴的直径一般大于 0.5 毫米，下降时速度达到每秒 3 米，毛毛雨的直径大概只有 0.2—0.5 毫米，比较小，下降的速度也比较慢。"

"每秒 3 米？跑得这么快！那要是直径小于 0.2 毫米，会怎么样呢？"

"小于 0.2 毫米的雨滴在下降的过程中都蒸发了，不能形成雨。"

"啊，太小了就被蒸发了呀。"

☀ 天气变化的一等功臣——水

水具有冰、水、水蒸气三种形态，水通过改变自身的形态改变天气。云是由水滴组成的，雨和雪也是水的另一种形态。雾、露、霜等也和水密切相关。可见，天气现象变化过程中，水起到了十分关键的作用。所以有人说，水是引起天气变化的"燃料"。

我们都是水！

冰　　水　　水蒸气

"没错。不过有时，云层里有强盛持久上升的空气，这时虽然水珠很大，但却一直在云层中漂浮。如果空气上升的强度突然减弱，云层中漂浮的水珠就会一下子降落到地面上，这样就形成了暴雨。"

"啊，突然下大暴雨太恐怖了。"

"还有一种是积雨云，贴近地面的空气不断上升，而且强度很大，云层越堆越大越高。俗话说：'乌云翻滚、暴雨骤降。'就像这句话说的那样，天空中出现积雨云，马上就会下起雷阵雨，但持续时间不长，一会儿就会停。和积雨云不同，高层云或者乱层云带来的降雨则会持续很长时间。"

突然天空中**划过**一道闪电，接着又传来了轰隆隆的雷声。

"哎呀，我害怕。"

宝丽和奎利吓得大叫一声，赶紧抱住了天气精灵。

"别害怕，没关系。我们看到的闪电是接近地面的负电荷与空气

闪电不仅生成于地面和云层之间的高空中，在云层内部和云层之间也会出现闪电。

相碰撞，产生出的一道明亮夺目的闪光。这时，闪电可以引发强烈的放电现象。"

"那为什么会打雷呢？"

"闪电的温度特别高，这种**极度**的高热可以使空气变热并迅速膨胀，周围空气的压力也在热的作用下迅速升高，产生振动并发出声音，这个声音就是雷声。"

"天气精灵，闪电和雷，哪一个是先产生的呢？"

"闪电和雷是同时产生的，但是我们一般先看到闪电，再听到雷声。这是因为光的速度要大于声音传播的速度。光速每秒可以达到30万千米，而声音的速度只有每秒340米。"

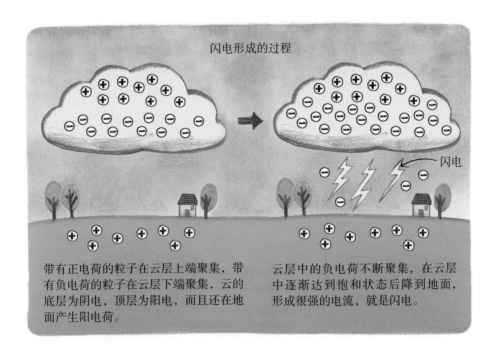

闪电形成的过程

闪电

带有正电荷的粒子在云层上端聚集，带有负电荷的粒子在云层下端聚集，云的底层为阴电，顶层为阳电，而且还在地面产生阳电荷。

云层中的负电荷不断聚集，在云层中逐渐达到饱和状态后降到地面，形成很强的电流，就是闪电。

白雪纷飞

　　天气精灵挥动了两下魔法棒，突然，寒冷的冬天到了，洁白的雪花从天空中**纷纷扬扬**地飘落下来。

　　"哇，下雪了！"

　　宝丽迎着雪花，高兴地转起圈来。

　　"当气温达到0摄氏度至零下10摄氏度左右时，通常会下雪。气温降低，云层中的小水滴附着在凝结核上，成为冰晶。小冰晶下落，同其他颗粒继续结合，就成为雪花，落到地面上。"

　　"我最喜欢下雪了，下雪的时候整个世界都是**白色的**。以前做寒假作业的时候，我观察过雪，用放大镜观察，发现雪花有很多漂亮

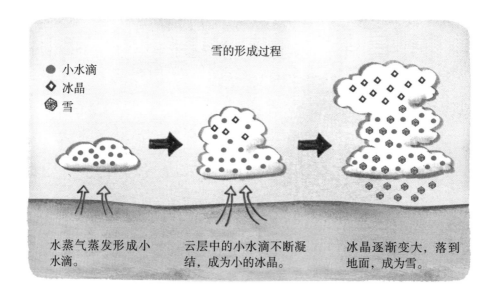

雪的形成过程

● 小水滴
◇ 冰晶
⬢ 雪

水蒸气蒸发形成小水滴。

云层中的小水滴不断凝结，成为小的冰晶。

冰晶逐渐变大，落到地面，成为雪。

的形状。"

"没错，那就是雪花的结晶。雪花的结晶有针状的、枝状的，还有盘状的，形态千变万化，雪花的形状根据温度、湿度和风的变化而改变。"

"嘿嘿嘿，现在雪下大了，正好可以堆雪人！"

奎利一边**嘿嘿直笑**，一边滚雪球。

"雪有很多种类，天气不太寒冷的时候，大片落下，我们叫它绵雪。绵雪的雪花比较大，比较饱满。"

"我最喜欢的就是绵雪了。"

奎利坐着雪橇从坡上滑落下来，大声喊道。

"但是天气寒冷、狂风猛烈的时候，一般会下砂雪，砂雪是颗粒状的，不容易揉成团。"

"我可不喜欢砂雪，有厚厚的绵雪，才可以打雪仗、滑雪橇，**多有意思啊**。"

"雪里面好像还有很多又小又硬的小颗粒，那也是雪吗？"

"是，那也是雪，叫冰霰。冰霰是小水滴突然遇到冷风凝结而成的，看上去像**散落**的米粒，所以就被叫作冰霰。"

"有时候不是也有冰从天上掉下来吗？叫冰雹吧？"

"嗯，冰雹一般是一些发展特别强盛的积雨云带来的。云层中的水滴受气流影响，不断上升，变成冰晶，许许多多的冰晶聚合在一起凝固，变得越来越重，重到空气托不住的时候就会降落下来，这时冰晶和云里的一些水滴并合，冻结成较大的冰粒，就成了冰雹。"

"我在电视新闻里看过，冰雹把蔬菜地都毁了。"

"是啊，要么农作物受灾，要么砸碎窗户玻璃，可得多加小心。"

天气精灵忽然小声说：

"对了，你们有没有发现，下雪的时候周围**静悄悄**的？"

双胞胎兄妹俩同时点了点头。

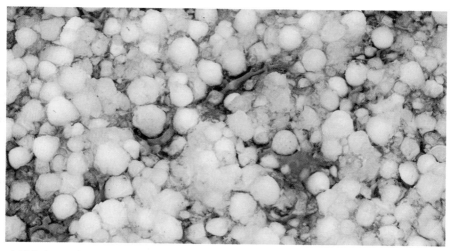

冰雹来自一些发展特别强盛的积雨云，下雷阵雨时，也会有冰雹伴随发生。
通常以直径 5 毫米为基准，大于 5 毫米被称为冰雹，小于 5 毫米被称为冰霰。

"仔细观察雪的结晶可以发现，雪的粒子之间有很多缝隙，这个缝隙可以吸收声音，所以下雪的时候人们会感觉到特别安静。"

"太神奇了！"

"但是！"

天气精灵突然一脸**调皮**地大叫一声。

"哎呀，吓死我了，你还没说完吗？"

"呵呵，是啊。有些科学家发现，雪可以发出声音。"

"你刚才不是说下雪的时候很安静吗？"

奎利不耐烦地说。

"你先听我说。雪落到水面上，立刻融化，在水中变成**空气滴**，这些小气滴迅速振动，形成声波，这些声波人的耳朵是听不见的，但确实是雪花发出的声音。所以有些科学家认为，雪并不那么安静。"

"我明白了。不过，不管它安不安静，我都喜欢下雪天，尤其是可以打雪仗，那是我最喜欢的游戏了。"

不知道什么时候，奎利已经团好了几个雪球，朝着天气精灵和宝丽扔了过去，一阵**清脆**爽朗的笑声在上空回荡。

整个世界静悄悄的，只能听到我的脚步声。

 月亮周围为什么没有大气？

A | 月亮的重力是地球重力的1/6，引力很小，无法留住空气，所以月亮的周围没有大气。地球的大气保护地球，可以留住地球散发到宇宙中的热量，让地球的温度保持温暖，而且还可以阻挡住来自太阳的有害紫外线。但是月亮上因为没有大气，动植物无法呼吸，太阳光照射的一侧和不照射的一侧温度差异显著。宇宙中漂浮的陨石不断掉落下来，月球的表面凹凸不平。

地球　　　　　月亮

 暖气团和冷气团相遇会怎么样呢？

 当冷气团向暖气团方向移动时，冷气团会进入暖气团内部，生成冷锋。相反，当暖气团主动向冷气团方向移动时，暖气团沿冷气团向上移动，生成暖锋。如果两个相同力气的气团相遇，就会生成静止锋。韩国每年夏初都会出现这种静止锋，即梅雨锋，这时会迎来大量降雨。

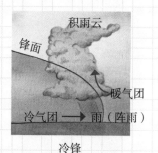

冷锋

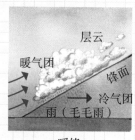

暖锋

海边白天和晚上的风向如何？

风从高气压吹向低气压。白天，陆地比海面炎热，陆地上的空气向上升起，所以从海面向陆地吹海风。反过来，晚上海面温度较高，海面就变成了低气压，所以从陆地向海面吹陆地风。

高气压　　低气压

低气压　　高气压

  下面的气象图对应哪个季节？

从气象图上来看，风由北部大陆吹向南部海面，韩国吹北风的季节为冬季，从北部大陆吹来的风寒冷干燥，因此韩国的冬天也是寒冷干燥的。

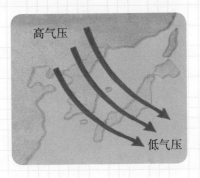

高气压

低气压

第 2 章

详细的
天气预报

白色的小箱子——百叶箱

"天气精灵，你到现在为止只告诉了我们有关天气的知识，我们真正想知道的是田野实践那天的天气，你还没告诉我们呢！"

"对啊，天气精灵，你什么时候告诉我们啊？"

奎利突然**讨厌**起天气精灵来了。因为精灵只告诉他们大气、风、雨，还有雪，所以他就更生气了。这一次宝丽也随声附和道。

"无敌宝丽奎利特工队！那我带你们去亲自了解一下田野实践那天的天气吧。"

"我们吗？怎么了解？"

宝丽和奎利有点**摸不着头脑**。看着两个活宝，天气精灵扑哧一声笑了，说：

"看天气预报不就行了嘛。"

"啊，没错！多亏了天气预报，上个月开运动会的时候就避开了下雨天。如果下雨的话，运动会上大伙儿就都成落汤鸡了。"

天气精灵一谈起关于天气预报的话题，奎利和宝丽立即睁大眼睛，竖起耳朵，一副兴致勃勃的样子，完全忘记了刚刚还闹别扭的事。

"大人在有特别事情的时候，也像你们一样，会确认那天的天气情况。万一有要紧事需要坐飞机飞到地球的另一边，可突然赶上下暴雨或者下暴雪的话，多麻烦啊。"

"对啊，所以天气预报真的很重要。"

"可是，天气精灵，天气预报是怎么知道天气的呢？"

"怎么说呢，要想准确地预测天气，是非常困难的一件事。现在，我就告诉你们怎么分析天气，怎么发布天气预报。"

"哇，那我们也能预测天气吗？"

宝丽**激动地**喊出声来。

天气精灵拉着宝丽的手说：

"宝丽，快带上奎利。要想了解天气，我们需要看很多东西。如果不抓紧，今天之内恐怕看不完了。"

宝丽**赶紧**抓住奎利的手，天气精灵带着他们又一次飞上了天空。

这次他们来到了宝丽和奎利经常玩耍的公园。天气精灵向公园草坪一侧立着的、又小又白的箱子走去。

"天气精灵果然了解我的心思，我一直好奇这个箱子是做什么的。"

"这个箱子叫百叶箱，是最小的气象观测站。"

"气象观测站？"

"气象观测站是在地面上观测大气状况的地方。气象观测站里有测定温度、湿度、风速、风向和降雨量等数据的仪器。"

"这里面也有那些仪器吗？"

"嗯。每个场所测定出的温度都有所不同，即使同一场所，高度不同，温度也不一样，所以要在这个百叶箱里测量。"

天气精灵挥了一下魔法棒，百叶箱的门**自动**打开了。

"百叶箱最重要的功能是测定温度和湿度。百叶箱内装有测量温度的温度计和测量湿度的湿度计，而且箱子中还装有温度记录仪和湿度记录仪，能够自动工作，准确地记录温度和湿度。"

"哇，**真了不起**。原来不是一个简单的箱子啊。"

"安放百叶箱的时候有几点注意事项。为了避免吸收阳光，百叶箱的表面要涂上白色。为了保证通风，防止雨雪进入，所有的木板块都要倾斜堆放。还有，在开门的时候，为防止温度计接触到阳光，门要朝向北面。"

"百叶箱为什么安放得这么高？几乎和我的个子差不多。"

宝丽**踮**起脚跟说。

"百叶箱的底座要离地 1 到 1.5 米，这是为了防止阳光在地上反射后影响温度计和湿度计的测量效果。而且百叶箱要被安放在平坦的草坪或者草地上，周围不能有建筑物。"

"哎哟，真麻烦。"

"这都是为了准确测量气象。你们学校也一定有这样的百叶箱，你们去学校找一找吧。"

"我一定要去找找看。"

宝丽和奎利在百叶箱前站了好一会儿，左看看，右看看。

百叶箱
百叶箱里因为放有温度记录仪和湿度记录仪，因此可以自动工作，以分钟为单位准确测量温度和湿度。

风向标和风速计

呜~~，不知从哪里吹来了一阵狂风。这时，一片树叶随风吹来，飘落到奎利的脸上。

"呵呵，看来风不想看到你的脸。"

宝丽逗奎利说。奎利冲着宝丽**做**了个鬼脸。

"天气精灵，风的力气有多大呢？除了像树叶这种轻的物体，重的物体也搬得动吗？"

"那得看风力的大小，观测一下你就明白了。"

啊，好凉快啊。这个风是从哪里吹来的呢？

啊，这是什么？

啊，好晕啊！

"风要怎么观测呢?"

"观测风时,要观测风向和风速。风向是风吹来的方向,风速是风的大小。"

"观察烟或者旗帜飘动的样子,不就**大致**可以知道风向了吗?"

"没错,但如果想要准确测定的话就要用到风向标。风向计箭头所指的方向就是风**吹来**的方向,因为风向不断变化,所以风向标的指针在 10 分钟内移动的平均方向就是风向。"

"风力的大小怎么表示?"

"风力的大小是根据风在 1 秒内能移动几米而测定出来的。有的风 1 秒钟内移动 10 米,那么就称它秒速 10 米。"

"应该也有测定风力大小的仪器吧。"

奎利**双手交叉**抱在胸前说道。

"当然,风速需要用风速计来测量。因为风速也像风向一样时刻变化,所以取观测 10 分钟内的平均值来决定风速。"

"那是什么?好像风车一样。"

宝丽指着那个长相奇特的仪器说。

"那个是鲁滨孙风速计。鲁滨孙风速计是将 3—4 个半球模样的杯子安装在木棍上制成的。风速计是由爱尔兰天文学家约翰·鲁滨孙第一次制作出来,并以自己的名字命名的。"

"**哈哈哈**,这个长得好像一个布袋子啊。"

奎利哈哈大笑起来。

"那个叫风向袋。风向袋是用薄布制成的风向标,外表看上去像一个圆锥形的布袋。飞机场或高速公路上经常挂有风向袋,告诉人

鲁滨孙风速计
起风时,杯子随之旋转,通过测定杯子旋转的次数,计算出风速。在很远的距离也能测定风的大小。

们风向。"

"哦，这样一来，飞机降落时，飞机驾驶员即便相隔很远也可以知道风向和速度啦。难道没有同时能观测出风向和风速的办法吗？"

经奎利这么一问，宝丽也**聚精会神**地听天气精灵解答。

"当然有啊。风向风速仪就能同时测量风向和风速。据说现在气象厅或者气象观测站里主要使用风向风速仪。"

"以前没有这种仪器的时候，是通过什么方法来测定风速的呢？"

"那有什么好问的？用眼睛大概测呗。"

宝丽和奎利开始**拌嘴**了，这时天气精灵赶紧打岔说：

"这个我来给你们解释。你们俩别吵，听我说。以前没有风速计的时候，有标示风力大小的风力等级。不用机器，是用眼睛测量的。"

风向袋
为了使布袋能随风向迅速改变方向，将其挂在柱子上。

风向风速仪
是在风向标上安装风轮，同时观测方向和速度的装置。

蒲福风力等级

1805 年，英国海军司令弗朗西斯·蒲福在长期航海的过程中，发现了帆的数量与风力大小之间的关系，并据此划分了风的等级，这就是蒲福风力等级。现在使用的风力等级表是 1964 年修订的。

等级	名称	风速（米/秒）	陆地情况	海面情况
0	无风	0—0.2	炊烟上行	海面如镜
1	软风	0.3—1.5	通过炊烟可知风向，但风向计不动	海面鳞波闪闪
2	轻风	1.6—3.3	树木枝叶摇摆，旗帜飘动	微波渐显
3	微风	3.4—5.4	树木枝叶晃动	渐起涟漪，白沫变多
4	和风	5.5—7.9	小树枝摇动，尘沙飞扬，纸片飞舞	海浪不高，白沫变多
5	清风	8.0—10.7	小树枝摇动，池塘或沼泽涟漪明显	掀起小小的波浪
6	强风	10.8—13.8	大树枝摇动，电闪雷鸣，无法打伞	掀起轩然大波，白沫范围增大

等级	名称	风速（米/秒）	陆地情况	海面情况
7	疾风	13.9—17.1	大树摇动，迎风步行有阻力	波涛汹涌，水波撞击，产生白沫
8	大风	17.2—20.7	小枝吹折，逆风无法前进	巨浪渐升，浪顶开始溅起浪花
9	烈风	20.8—24.4	烟囱吹断，屋瓦掀翻，牌匾吹落	猛浪惊涛，因为溅起的浪花能见度降低
10	暴风	24.5—28.4	陆上罕见，大树连根拔起，建筑物受损	波峰高耸，大海整个被白沫覆盖，波浪激烈撞击
11	狂风	28.5—32.6	陆上少有，建筑物毁坏，损失严重	波涛排山倒海，汹涌而来
12	飓风	32.7以上	危害极大	掀起巨大的波涛和浪花，能见度极低

放飞高空——无线电探空仪

"好大的气球啊！"

"气球下面还挂着个东西！"

奎利和宝丽看着天空，大声喊道。

"那是个挂着无线电探空仪的气球。无线电探空仪能够直接观测大气上方的气象状况，然后把数据发送到地面上的观测站。无线电探空仪里装有气压计、温度计、湿度计、无线发射机等。"

"中间像降落伞一样的东西是什么？"

"就是降落伞啊。在大气中气球爆炸或受损时，为了让无线电探空仪能**缓慢地**降落到地面，所以挂上了降落伞。"

"啊，原来是为了保证安全啊。"

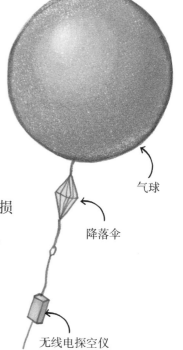

气球

降落伞

无线电探空仪

把无线电探空仪挂在充满氢气或氦气的气球上，然后再把它发送到天空上，这时无线电探空仪就可以收集大气中的各种气象要素。

无线电探空仪啊，快快飞到天上，收集好大气的气象状况，然后发送到观测站里吧。

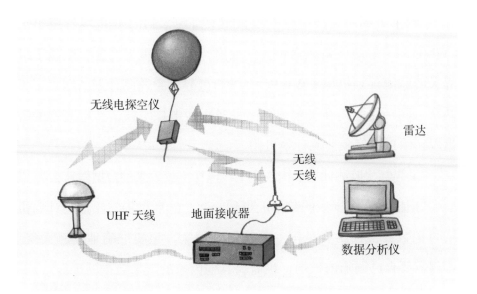

无线电探空仪

雷达

无线
天线

UHF 天线   地面接收器

数据分析仪

雷达会追踪气球的位置，无线电探空仪一边上升一边观测大气状况，并且把收集到的数据发送到地面上的观测站里。

"是的。无线电探空仪发来的数据都是在大气中直接测定的，所以非常准确。自从有了无线电探空仪，气象观测的准确度也大大提高。"

"怎么提高的呢?"

"比如说我们通过它可以知道气压是怎么发展，怎么移动的，也可以知道气压是怎么消失的。而且在这个过程中也可以知道什么形状的云是怎么产生的，通过云我们可以预测是否会下雨或下雪。"

"那无线电探空仪就算淋上雨、雪也没有关系吗?"

"当然了。下雨或下雪的时候也可以使用，在大海或者干燥的沙漠中也可以使用。"

"无线电探空仪是由谁发送的呢?"

奎利**急忙**问道。

"看来奎利对无线电探空仪很感兴趣嘛。1963年世界气象组织（WMO）为推动气象观测和天气预报，实现全世界合作，组建了世界天气监测计划机构（WWW）。参与世界气象监测计划的国家一天两次，同一时间内在气象观测站发送无线电探空仪，并把获得的数据发送给世界气象监测计划机构。"

"世界气象监测计划机构收集无线电探空仪发来的数据做什么呢？"

"把世界许多国家的数据汇集到一起，然后世界气象监测计划机构再把数据反馈给会员国。不管哪个国家，想要准确地预测天气，不仅需要自己国家的数据，也需要其他国家的气象数据。"

"哇，原来为了预测天气许多国家都在**一起**努力呢。那么我们韩国也一定在发送无线电探空仪吧？"

"当然，韩国是在首尔时间上午9点和晚上9点，一天两次发送无线电探空仪。在庆尚北道浦项、江原道束草、京畿道白翎岛、全罗南道黑山岛、济州岛高山的五个气象厅以及京畿道乌山和全罗南道光州的空军基地里发送无线电探空仪。"

"哇，那么多啊？"

奎利眼睛睁得**圆圆的**。

"无线电探空仪上天以后会怎么样？如果人们一直发射无线电探空仪的话，那不满天都是吗？"

听宝丽这么一问，天气精灵**哈哈**大笑道：

"别担心。无线电探空仪会在一个半小时到两个小时左右到达30千米的高空，然后气球慢慢膨胀，**砰**的一声爆掉。这时无线电探空仪就会挂着降落伞，掉落到地上。"

"我想找一找掉在地上的无线电探空仪。"

听了奎利的话，天气精灵低声说：

"那得运气非常好才行。"

"我是好运奎利，所以一定会找到的！"

看着奎利信心十足的样子，天气精灵**乐得**眉开眼笑。

"说不定会找到下投式探空仪。从飞机上投下的挂有降落伞的无线电探空仪叫作下投式探空仪，主要用于观测台风的中心。"

"姐姐，我要去找下投式探空仪了。"

奎利拳头**紧握**。

"在大海或者沙漠等地也会投放下投式探空仪，所以不是那么好找。"

"喂，奎利！你敢去！"

天气精灵边笑边看着这对活宝。

下投式探空仪啊，给我好好观察台风的中心。

下投式探空仪

气象卫星围绕地球旋转

这是在气象卫星上拍摄的地球气象照片，向我们展示了韩国周边云层的样子。

天气精灵**魔法棒**一挥，出现了几张照片。

"噢，这种照片我看到过，不是天气预报主持人身后出现的气象照片吗？"

奎利指着照片大声说道。这时，宝丽也跟着说：

"我也看过。气象精灵，这是什么照片啊？"

"这是地球气象状况的照片，是从气象卫星上拍摄的地球。"

"气象卫星和无线电探空仪不一样吧？"

"嗯，不一样。气象观测站和无线电探空仪都是直接测量温度、湿度等大气状况，而气象卫星则是用来观测低气压或锋线的准确位置和大小的。"

"观测那个干什么？"

"为了更加准确地了解信息啊。气象卫星将许多数据发回观测站，观测站就可以通过分析数据来预测天气。"

"原来是因为有了气象卫星，天气预报才越来越准确了呀。"

"气象卫星**真了不起**。"

奎利也跟着不由地感叹道。

"是啊。不过天气时时刻刻变化，会出现和预测信息不同的时候，但正是因为有了气象卫星，我们才能更准确地知道天气情况。韩国在 2010 年 6 月 27 日发射了千里眼卫星，获取本国的气象卫星数据。"

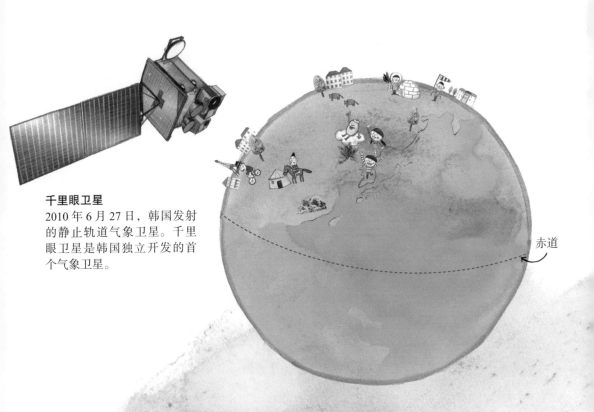

千里眼卫星
2010 年 6 月 27 日，韩国发射
的静止轨道气象卫星。千里
眼卫星是韩国独立开发的首
个气象卫星。

赤道

极轨气象卫星

极轨气象卫星经过南极和北极上空，绕地球经线运转，能观测地球各地区上空的气象现象。

咦，看不到两极。

极地地区的气象采用极轨气象卫星来观测。

赤道

静止轨道气象卫星

静止轨道气象卫星能够观测到数千千米的梅雨锋线、几十千米的积雨云等各种规模的气象现象。

"哇，韩国也发射了气象卫星啊，所有的气象卫星都是一样的吗？"

"不，气象卫星有很多种。有类似韩国千里眼卫星那样的静止轨道气象卫星，还有极轨气象卫星。静止轨道气象卫星在地球赤道上方约36000千米处围绕地球旋转，所以从地球上看，这颗卫星的位置始终静止不变。静止轨道气象卫星连续观测某一个特定地域，一般以1小时为一个周期，一天24小时观测，每次观测30分钟，向气象厅发送数据30分钟。"

"静止轨道气象卫星位于赤道上方，那离赤道较远的地区怎么观测呢？"

"哇，宝丽**真聪明**。这就是静止轨道气象卫星的缺点，这种卫星因为位于赤道上方，所以几乎无法观测极地地区的大气状况。为了弥补这一缺点，人们研制了极轨气象卫星。"

"我就知道有其他方法。"

听宝丽这么一说，天气精灵**眨了眨眼睛**，笑了。

"极轨气象卫星在离地 850 千米处围绕南极和北极运转，观测地球的气象情况。用于观测静止轨道气象卫星观测不到的极地天气。极轨气象卫星的运转位置比静止轨道气象卫星更低，因此能拍摄到更清晰的影像发送到观测站里。"

宝丽和奎利点点头。

☀气象卫星十全十美吗?

虽然气象卫星能够告诉我们准确的气象信息，但也有缺点。我们这就来了解一下气象卫星的优缺点吧。

优点

• 能够观测热带雨林、沙漠、大海、极地等这些人们很难接近、无法定期观测的地区的气象。

• 能够观测台风或梅雨锋线等大范围内发生的气象现象。

缺点

• 比起百叶箱或无线电探空仪等地面观测设备，误差较大。

• 需要价格高昂的设备。

• 数据庞大，从中挑选有用的数据比较困难。

发射电磁波——气象雷达

"这是什么照片？和刚才看到的气象卫星照片有点儿不一样。"

"这个叫作气象雷达影像。雷达是向目标物体发射电磁波，接到反射波后，找到物体的电子装置。"

"好难，再解释一遍。"

天气精灵摸了一下自己头上的**角**，这时不知从哪里传出了一个小淘气的声音。

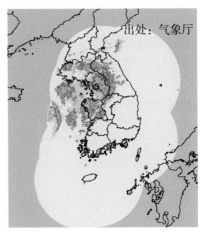

出处：气象厅

气象雷达分析影像显示了韩国的降水位置及范围。

"爬上山顶，面向对面的山峰大声呼唤，声波，即声音的波动，会向山峰方向移动，与山峰发生碰撞。这时声波反射，形成回声，传回到山这边。"

"咦，哪来的声音啊？好像我**同桌**民在的声音。"

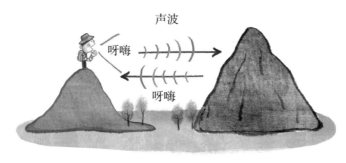

声波

呀嗨

呀嗨

回声是声音的波动与其他山峰发生碰撞，经过反射再次响起的声音。

"是从我的角里发出的语音讲解功能。"

奎利一脸羡慕地看着天气精灵的角。

"和你同桌说的一样，回声和雷达的原理相类似。"

"我知道回声的原理，但是不清楚雷达观测气象的过程。"

宝丽**闷闷不乐**地说。

"雷达发射的电磁波与云或雨点发生碰撞后返回，可以通过分析电磁波，预测要下雨的地方或降水量等。雷达主要用于追踪和监视暴雨、冰雹、台风等突发性的气象现象。"

"我们国家的科学技术很发达，肯定有气象雷达吧。"

"是啊，韩国于 1969 年首次在首尔的冠岳山上设置了气象雷达。现在已经创建了全国气象观测系统，可以每 10 分钟分析和处理观测到的影像资料，发布天气预报。"

观测达人——超级计算机

天气精灵挥了两下魔法棒，搭载宝丽和奎利的云朵飞快地移动起来。

"这里是气象厅的电脑室，气象厅负责观测气象和预报天气，通过前面提到的各种天气观测设备收集资料，然后分析资料内容。"

"一定很**复杂**吧？这么复杂的事情谁来做呢？"

奎利百思不得其解。

"当然是超级计算机啦。气象厅里使用内存庞大、功能超强的超级计算机，超级计算机根据时间和地点，计算气温、气压、湿度、风向、风速、气团移动等影响天气的要素。"

"我听说过超级计算机，但不清楚它究竟是什么。"

我们来打赌谁算的更快？

哈，6亿人1年内要计算的量，我超级计算机能在1秒内就可以计算出来。

"超级计算机的性能**极强**，能够在很短的时间内处理大量的数据。现在韩国气象厅的国家气象超级计算机中心里使用的是 2010 年引进的 3 号超级计算机。"

"超级计算机真**聪明**啊，我连背九九乘法口诀都觉得很困难。"

奎利挠了挠脑勺。

天气精灵又开始详细地介绍超级计算机。

"超级计算机在计算观测数据时，使用一个名叫数值预报模型的电脑程序。数值预报模型以气象观测的数据为基础计算公式，预测天气。数值预报模型中最常见的是方格模型，方格是像**棋盘**一样，横竖以一定的间距制成的直角结构。"

"方格？"

"是啊。把地球上的大气分为一个个小方格，在每个格子里输入风、气温、湿度等数据，然后用数学公式计算。"

数据预报模型
数据预报模型中格子间的距离大约是 25 千米，使用这个格子里的大气数据来预测天气。

"超级计算机连数据预报模型都用上了，为什么还不能准确预报天气呢？有时候天气预报明明说晴天，结果却下雨。"

奎利**一脸不悦**地问道。

"超级计算机即使性能再出色，数据预报模型再精细，都会因为各种原因而产生误差。所以想准确预报天气是非常困难的，这个时候的误差指的是预定值和实际值之间的差异。"

"为什么会产生误差？"

"首先将圆圆的地球切割成方格形状时就会产生误差。把空间上和时间上连接的大气横向竖向分割，切成小方格，然后再将小方格彼此粘连起来，这时候的大气和实际大气有所出入，所以就会产生误差。"

"如果地球是方形的是不是就不会产生误差了？"

奎利**笑着**说道。

"数据预报模型不是韩国首先研制出来的吗?"

"不是,韩国现在还没有属于自己的数据预报模型,目前正在研发之中。韩国在20世纪90年代后期引进日本开发的模型,把它按照我们国家的情况调整使用,从2009年起引进了英国的数据预报模型,并一直沿用至今。"

"等一下!好像有点儿**不对劲**。韩国不是和英国、日本一样,都是岛屿国家吗?"

听宝丽这么一问,天气精灵弹了一下手指,周围响起了一阵欢快的乐曲声和爆竹声。

"这个问题问得好。韩国与大陆接壤,三面环海,所以不论是英国模型,还是日本模型,不论它们有多么先进,都不符合韩国的地形,所以无法完全准确地预测天气。"

"看来得早日开发属于我们自己的数据预报模型啦。"

❋ 数据预报模型和蝴蝶效应

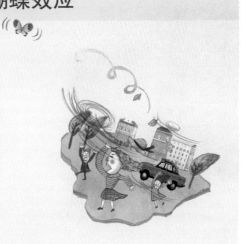

蝴蝶效应是指像蝴蝶振翅一样微小的活动有可能带来暴风雨般巨大的变化。数据预报很好地体现了这一效应。数据预报时产生的微小误差不会对一两天内的天气预测带来很大影响,但预测一周或一个月后的天气,误差会非常大,很可能带来完全不同的结果。所以天气预报的观测时间间隔得越久,准确度就越低。

明天的天气预报

天气精灵挥了两次魔法棒,突然周围人头攒动,每个人都看起来十分忙碌。

"咦,这是哪里啊?"

"这是气象厅的会议室。"

"你被人发现了怎么办?"

"没关系,大家看不到我们。"

双胞胎这才放下心来。

"我们来这里干什么?"

"我是想让你们看看天气预报的准备过程。电视里每次播完新闻,不就播放天气预报嘛。虽然天气预报的播放时间很短,只有不

气象预报过程

1 使用温度计、气压计、风向标、风速计、无线电探空仪、气象卫星、雷达等设备,尽可能准确地测量大气状况。

2 超级计算机对收集到的数据进行分析,绘制出气象图。

到几分钟，但是准备天气预报的时间却非常长，而且准备过程也相当复杂。"

天气精灵摸了一下自己的角，突然传出一阵女孩子的声音。

"气象厅制作和发布天气预报的过程可以分为 4 个阶段，分别是观测和数据收集、数据处理和分析、天气预报生成和绘制气象图，以及天气预报的发布。第一个阶段观测和数据收集，顾名思义就是使用许多气象观测设备，观测地球的大气状况。"

"这个声音好像我们小区世英的声音啊。哇，世英可真聪明！"

听完介绍，奎利**扑哧**一笑，说。

"比起我的声音，奎利你好像更喜欢世英的声音啊。"

天气精灵像是有点生气似的撅起了嘴。

"不是的，天气精灵！我更喜欢你的声音，你的声音更**动听**。"

听他这么一说，天气精灵大笑着说道：

"那这次就由我来解释吧。第二阶段要做数据处理和分析。在收

3 天气预报员预测天气，调整超级计算机绘制出的气象图，使其更加精准。

4 通过电视、报纸和网络发布天气预报。

集到的数据中挑选有用的数据，然后输入到超级计算机里，电脑会对数据进行分析，并绘制出气象图。气象图是反映某个地区某一时刻或时间段内气象状况的**图片**。"

"不会是只有观测器或计算机在工作吧？"

"当然不是。观测器和计算机再好，如果没有天气预报员，天气预报也是不可能发布的。现在轮到天气预报员工作了。他们掌握了大量的气象学知识，拥有丰富的经验，因此可以使超级计算机绘制的气象图更加准确。最后，将完成的气象预报发布在气象厅的主页上，并告知报社、电视台、灾害防护气象信息系统、军队等。这就

是我们每天看到和听到的气象预报。"

"我好**想知道**天气预报节目是怎么制作出来的。"

宝丽的话音刚落，眼前就出现了一个气象预报演播厅。在电视机里看到过的天气预报播报员站在蓝色的屏幕前。

"天气预报节目是将摄像机镜头拍摄的天气预报播报员和反映云层移动的雷达影像或气象卫星影像合成到一起，然后再播放出来。"

"那个蓝色的屏幕是什么？"

"天气预报播报员站在蓝色的屏幕前，一边做出手指云层的动作，一边说'降雨云团从西部向东部移动'，这时，天气预报播报员身后就会植入云层影像，这样电视机前的观众就可以看到画面中云层的移动了。"

"**哇，太神奇了！**"

宝丽和奎利不禁感叹道。

读取气象图

"这张图好**复杂**啊。"

宝丽指着报纸上的图片说道。

"那个就是气象图。为了准确地预报天气情况，绘制气象图这一工作非常重要。"

"气象图里面的符号和数字太多了。"

"没错。这些符号和数字叫作气象符号。气象图里包含了各种各样的气象信息，所以要想读懂气象图，一定要了解气象符号。看到气象图上**弯弯曲曲**的线了吗？那个是等压线。等压线是把气压相等的地点在平面图上连接起来的封闭线，反映高压和低压的分布。"

出处：气象厅

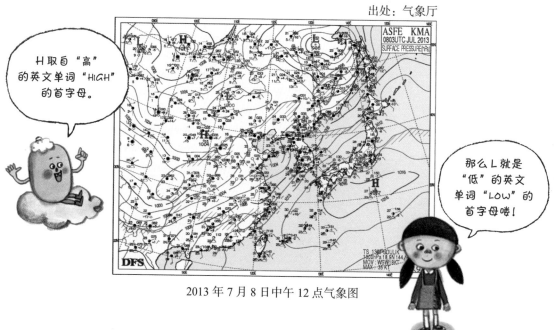

H取自"高"的英文单词"HIGH"的首字母。

那么L就是"低"的英文单词"LOW"的首字母啰！

2013 年 7 月 8 日中午 12 点气象图

"等压线的间隔好像都不一样啊。"

奎利量着等压线的间隔说道。

"嗯。观察等压线的间隔，可以知道风力大小。等压线的间隔越密集，风力越大。这是**为什么呢**？"

"这个嘛，因为等压线是把气压相等的地点连接起来，所以……"

奎利看着天气精灵，支吾其词。

"没错，和气压有关系。风是从高压吹向低压，而且气压差越大，风速越快。所以如果等压线密集，气压差就大，风也会吹得更猛。"

天气精灵告诉奎利，气象图上有等压线和各种天气符号，天气符号表示风向、风速、云量和锋线的种类等。

风向 风速	符号	⊙	—	⊢	⊩	⊫	⊯	⊰	⊱	⊲	西北风
	风速 m/s	无风	1	2	5	7	10	12	25	27	西北风 12 m/s
云量		0	1	2	3	4	5	6	7	8
天气现象		雨	雨夹雪	阵雨	雷雨	雪	阵雪	闪电	雾		
锋线		暖锋		冷锋		现在天气	风向 风速 云量			
其他		Ⓗ 或 高 高气压	Ⓛ 或 低 低气压	台风						

气象图上使用的天气符号

"现在我们试着读一下简单的气象图，好吗？我给你们看几张气象图，第一张是韩国夏天和冬天的天气气象图。"

"我恐怕看不太懂吧。"

奎利**懦懦地**说。

"那我来试试吧。"

听宝丽这么一说，天气精灵眼睛一亮，指着气象图说：

"读一下这张夏天的气象图好吗？"

"这张气象图，应该是风从南部海面吹向北部大陆。等压线间隔稀疏，风力应该很小。"

天气精灵高兴地鼓起了掌。随之，音乐响起、爆竹绽放，天空中纸花飞扬。奎利用**羡慕的表情**望着宝丽，宝丽得意地耸了耸肩。

"这次我们来看一下冬天的气象图怎么样？西北陆地气压较高，东部海面气压较低，所以风从陆地吹向海面。等压线间隔紧密，所以风力应该很猛烈。"

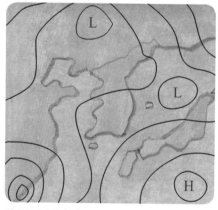

韩国夏天的气象图。夏天风力较弱，风从南部海面吹向北部陆地。

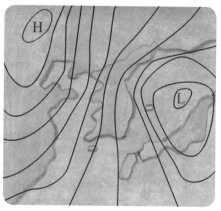

韩国冬天的气象图。冬天风力较强，风从北部陆地吹向南部海面。

"怪不得冬天这么冷。"

奎利拍着**巴掌**喊道。

"没错，这次我们看下面这幅气象图来预测一下天气吧。"

"首尔地区晴朗无云，但有风。风向为东北风，风速每秒 2 米。釜山地区云量很少，不刮风。"

"哇，奎利也成了气象图博士了。"

"我也知道。济州岛地区天空多云，天气较阴。东南风，风速每秒 5 米。"

"知道了气象符号，这回读气象图就觉得很有意思了吧?"

天气精灵开心地笑了，奎利与宝丽也跟着**乐开了花**。

首尔天气晴朗，济州岛天气阴沉。

本章要点回顾

百叶箱里都装了些什么?

百叶箱里有最高温度计、最低温度计、自记温度计和湿度计等。最高温度计用来测量一天中最高的气温。最低温度计用来测量一天中最低的温度。自记温度计显示一天内气温的变化。湿度计用来测量空气中的潮湿程度。

预报天气需要使用哪些观测工具?

需要用到百叶箱、风向标、风速计、无线电探空仪、气象卫星等。百叶箱用来测定温度和湿度,风向标和风速计用来测定风向和风速,把无线电探空仪发送到天上,用来观测大气上层的气象状况,同时汇集气象卫星发来的气象照片和数据,对其分析后预报天气。

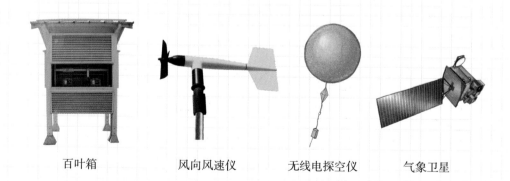

| 百叶箱 | 风向风速仪 | 无线电探空仪 | 气象卫星 |

根据这幅气象图，可以预测首尔的天气吗？

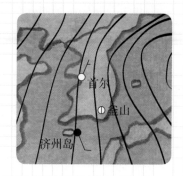

气象图是在大范围里显示一定时间内天气的图片。测定气温、气压、风向、风速等，在气象图上使用等压线、数字、符号等将其表现出来。根据右边的这幅气象图可以得知，首尔天气晴朗，但有风，风向为东北风，风速每秒 2 米。

 天气预报是怎样制作和发布的？

天气预报是在气象厅收集分析天气观测资料后制成的。首先观测各种天气要素，收集资料，并挑选出有用资料，输入超级计算机进行数据分析。之后，天气预报员开会商议如何完善超级计算机绘制出的气象图，使其更为准确。这些步骤完成之后，再通过电视新闻、报纸和网络向人们发布天气预报。

观测气象要素　　整理和分析数据　　天气预报员　　发布天气预报
　　　　　　　　　　　　　　　共同商议

第 3 章

跟随天气变化的脚步

我们的身体对天气很敏感

"天气精灵！这些都是天天发生的事，所以从来都没在意过，但自从了解了天气之后发现，天气对我们的生活影响真是很大呀。"

"是啊，田野实践能不能去成也要看天气。"

"那是当然啦！天气对我们的身体影响很大。我们一起去公园兜兜风怎么样？"

天气精灵带着宝丽和奎利乘坐云彩，朝着公园飞去。

"天气精灵！"

宝丽朝天气精灵喊道。

"天气也会影响我们的心情和健康吗？天气好的时候，我的心情也很**好**，下雨的时候，不知道为什么，我就会很**忧郁**。"

"对！有一次，夏天天气特别闷热，我在外面玩完就生病了。"奎利说。

"原来，宝丽的心情会因为天气发生变化，奎利也会因为天气而生病。我们再更多地了解一下，看看天气还能给我们的生活造成什么样的影响，好不好？"

"太棒啦！"

不仅是宝丽，就连对天气毫无兴趣、一直唉声叹气的奎利现在都被天气**迷住了**。可能是因为难为情，奎利一直装作漠不关心的样子，像蚊子叫似的说了声"好"。当然，根本也没让天气精灵听见。

天气精灵带着宝丽和奎利坐上云朵，再次出发了。

"我的身体好像要融化了。"

宝丽有气无力地说。

"当然了，这里是沙漠呀！"

天气精灵一边不住地擦汗，一边说。

"来沙漠干什么啊？！刚才在草地上玩得好好的。"

奎利精疲力尽地说道。

"来这里是想告诉你们天气与我们身体的关系。从很久很久以前开始，天气就给人类的生活造成了很大的影响，特别是对生命和健康造成了直接的影响。我们的身体过热或过冷都会出现异常，所以天气非常炎热或非常寒冷的时候，身体很容易感到疲惫。"

"完全同意。现在太热了，我的身体好像已经出现异常了！体温好像到 40 ℃了！"

奎利的声音好像快要融化了似的**抱怨**道。

"一般来说，我们的正常体温是 36.5 ℃。但是不同部位温度也不一样。腋下测量的体温是 36.5 ℃，皮肤温度要低一些，大概 31—34 ℃左右。"

"所以，现在我的体温比平时高，还是低？"

"因为在炎热的地方，所以会稍微高一些。热量是由温度高的地方传向温度低的地方，空气温度高于 31—34 ℃，热量就会由空气传向我们的身体，体温就会升高。相反，如果空气温度低于 31—34 ℃，热量就会由我们的体内散发出去，体温就会下降。"

天气精灵将遮阳伞和矿泉水分给这一对双胞胎姐弟。

"啊，**好爽啊**！喝点儿水，感觉活过来了。"

　　"但是，人类的体温不会轻易变化。因为人类的身体不论外界温度如何，体温都会被控制在一定的范围内。但是如果外界环境过于炎热或寒冷，身体都会发生异常，甚至生病。"

　　"我怎么喝水都喝不够，难道这也是病吗？"

　　听到奎利的话，天气精灵**扑哧**一声笑了，说：

　　"这不是病。天气炎热体温升高，一开始会感觉到眩晕。这时，只要在凉爽、舒适的地方躺下休息一会儿，身体自然就能恢复。但如果长时间晒太阳，体温持续升高的话，就会头疼、胸闷，严重的话还会晕倒。这种症状就是中暑，出现中暑症状时大量喝水会慢慢缓解的。"

　　"如果特别热的话，会死吗？"

　　宝丽擦去豆大的汗珠问道。

　　"如果连续几天在强烈的阳光下暴晒，心脏功能弱的人会引发心脏病，死亡概率也会大大增加。"

　　宝丽和奎利**吓得瑟瑟发抖**说：

　　"呃啊，我们可不想死。天气精灵，我们快去别的地方吧！"

　　"好吧，我也很热。我们去凉快一点儿的地方吧，但是待在太冷的地方也会生病。"

"生什么病？"

"在寒冷的地方待久了或者长时间风吹雨淋，体温就会逐渐下降。这时体表温度变冷，身体发抖。如果体温持续降低，问题就会变得很严重。头疼、视力下降，或者突发癫痫等都有可能。"

"从现在开始，天冷的时候我一定穿得厚实一点儿。妈妈让我穿秋衣秋裤，我一定穿。"

奎利坚定地说。

"天气精灵，一直不下雨也不好吧？之前在电视上看到，非洲一直不下雨，由于没有水可以喝，小孩子们特别可怜。"

宝丽忧心忡忡地说。

"非洲地区数十年不下雨，持续干旱，饮用水严重不足，粮食匮乏，导致儿童们长时间忍饥挨饿。长时间不下雨的话，**农作物**无法正常生长，食物就会供应不足。这样，身体缺乏营养会造成营养不良。营养不良会引起眩晕症、腹泻、疲劳等症状。因为干旱，在贫困的国家里，营养不良的情况十分**严重**。"

水太脏了，别喝!

嗓子好渴啊，我要喝这里的水。

"那种地方传染病很多吧？"

"持续干旱的话，传染病不仅多，而且发生频率相当高。因为饮用水不够，人们明明知道水被污染了，也只能去喝。喝了被污染的水，人当然会生病。大部分人都会严重腹泻，2006 年联合国教科文组织公布，全世界每天有 5000 人因为腹泻死亡。"

"怎么会……"

宝丽的嘴唇**瑟瑟发抖**。

"所以很多国家共同联手帮助那些饱受干旱之苦的人们。我们韩国平时虽然并不缺水，但是干旱来临时，农业耕作也会出现问题，饮用水也会不足。所以要节约用水才行。"

宝丽和奎利轻轻地点了点头。

☀ 仔细观察生活气象信息

　　登陆气象厅官方网站可以知道我们居住地区的生活气象信息。生活气象信息包含生活气象指数、工业气象指数和健康气象指数。其中与健康直接相关的是健康气象指数。健康气象指数包括流感指数，皮肤疾病指数，脑部血液循环不畅引发的脑中风可能指数，支气管和肺部疾病——哮喘、肺病指数，花粉浓度指数等。花粉浓度危险指数只在花粉传播的 4—5 月，9—10 月提供，其他指数一年之内持续提供。

查看天气情况

天气精灵带着宝丽和奎利离开了沙漠。

"孩子们，下雪的时候，爸爸是不是很早回家？"

"是啊！是啊！冬天下雪的时候爸爸会很早下班。"

宝丽和奎利大声说。

"下大雨或者下大雪的时候，飞机和轮船发生事故的概率大大增加，所以经常会推迟或者中断航运。这种时候路面会变得很**滑**，车祸发生的概率也会增加。而且人们不太出门或者早早回家，所以去商店买东西的客人也会减少。"

"哇，因为天气而改变的东西还真多啊。"

"当然了。而且据说，衣服的销量也随着夏天或者冬天到来的早晚，差别很大呢。假如深秋的气温比往年低，人们会觉得'今年冬天肯定很冷'，于是马上准备过冬的衣服。相反，如果深秋的气温较高，或者冬天来得较晚的话，人们便不会着急购买衣服。"

"连买衣服都受影响啊？哇，天气对我们的影响真是太多太多了。不光是确定田野实践日期那么简单呀。"

奎利**开着玩笑**说。

"可不是嘛，特别是农业和<u>渔业</u>，天气不同，谷物的产量和<u>鱼类</u>的捕获量也完全不同，所以对农民和渔民收入的影响很大。天气如果持续不好，水果、蔬菜、鱼类的产量降低，农民们赚不到钱，我们也得花大价钱购买啊。"

"没错，梅雨季节的时候，妈妈也说**水果价钱太贵**。"

宝丽突然拍了一下手掌说。

"盖房子的人也特别关心天气，因为挖坑、立柱子、浇混凝土、刷油漆等很多活儿都需要在室外作业。"

"啊，原来如此。"

"听说过天气保险吗?"

"天气保险?"

双胞胎**异口同声**地反问道。

"天气保险是指因天气异常导致经济损失后,获得赔偿的一种保险。拿滑雪场来说,必须下很大的雪,天气很冷,才会有很多游客。如果天气暖和、雪下得少的话,游客就会减少,滑雪场就会遭受很大的经济损失。为了防止这种损失,需要购买天气保险。考虑到下雪的次数、积雪量、气温等天气指数,制订好保险条款,如果天气指数超出了规定范围,造成损失,就可以从保险公司得到赔偿。"

"真是**什么**保险都有啊。"

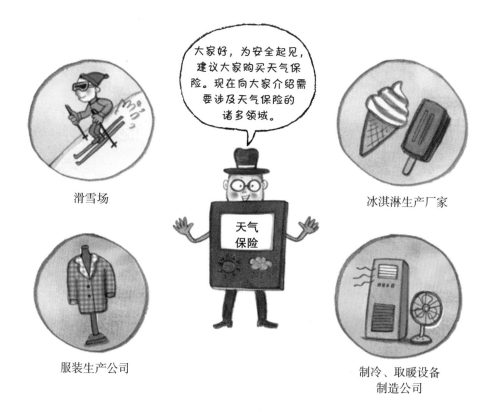

滑雪场

冰淇淋生产厂家

服装生产公司

制冷、取暖设备
制造公司

奎利惊奇地眨了眨眼睛。

"去年夏天，我和爸爸妈妈一起去了水上乐园。没想到天气突然变冷了，没有去成游泳场，只在周围吃了些好吃的就回来了。那时候如果买了天气保险的话，就能得到补偿了呀。"

宝丽说完，四周**响起**了一阵清脆的乐曲声。

"没错。拿游泳场来说，如果购买了天气保险，天气变冷，客人减少，受到的经济损失可以由保险公司来赔偿。对了，现在我们去看一看各种各样的房子，好不好？"

"房子？房子也跟天气有关系吗？"

"姐姐，我怎么觉得也有可能啊。"

天气精灵赶紧拉着宝丽和奎利坐上了云朵。

☀ 获知古时气候的方法

古时的气候是什么样子的呢？气象学者们为了获知古时候的气候，一般会去分析南极的冰块。南极大陆被厚厚的冰雪覆盖，先下的雪被后下的雪覆盖，下面的雪被挤压后变硬，结成冰。这个过程反复进行，层层堆积，就形成了厚厚的冰块。在这一过程中，下雪时的空气会被困在冰块里，所以从很久以前开始到现在的空气，以时间顺序被保存在南极的冰川之中。因此，只要将南极的冰块挖掘出来，分析里面的空气，就可以获知古时候的气候了。

> 竟然可以知道古时候的气候，真是太神奇了。

避雨的房子和避雪的房子

"哇，快看那座房子的屋顶，**尖尖的**。"

奎利指着屋顶喊道。

"因为经常下雨，印度尼西亚传统房屋的屋顶都是尖尖的。印度尼西亚经常会有短时间的大暴雨，如果屋顶是平的，无法承受雨水的重量，会导致房屋倒塌。所以，印度尼西亚人为了使雨水能够顺着屋顶**流下来**，将屋顶做成尖的。"

"连地板也不一样，屋子里的地板要比实际地面高一些。"

宝丽参观完印度尼西亚传统房屋说道。

"对。印度尼西亚位于全年炎热多雨的热带地区，为了防范突降暴雨，地面受热上升的湿气、昆虫爬虫等，人

房顶尖尖的，就算再大的雨也无妨。

孩子们，快来呀。

呃，下雨了！

地中海周围一幢幢白色的房屋鳞次栉比，形成了独特的风景，吸引了大量的游客前来参观。由于白色的房子可以反射太阳光，为了居住凉爽，当地人都将墙壁涂成白色。

们通常把房子建得高出地面。"

"啊，现在明白了，气候不同，房屋的样子也会不一样啊！"

宝丽**微微**一笑。天气精灵手指一弹，一阵清脆的乐曲声在耳边响起。天气精灵又带着宝丽和奎利坐上了云朵。

"这里是地中海，地中海周边的房子也很**特别**。因为地中海周边地区夏天炎热干燥，阳光照射强烈，这里的房子墙壁很厚，窗户很小，可以阻挡热气和阳光。而且把墙面刷成白色可以反射太阳光，围墙建得很高，可以提供阴凉，在窗户外面安装木制双重门，可以完全遮挡太阳光。"

"我在电视上看过希腊的村庄，墙全都是**白色的**，特别好看。"

"对啊，希腊在地中海东部，阳光很强。"

"听说芬兰有很多**小木屋**，这也是因为天气吗?"

"芬兰在欧洲北部，气候寒冷、潮湿。以前的芬兰人采用耐寒、抗湿性好的原木建造房屋。"

天气精灵将手里的魔法棒挥动了两下，眼前顿时出现了一片白雪皑皑的景象。

"哇，好大的雪啊!"

"这里是日本白川乡，有很多合掌式房屋，为了避免大雪压垮屋顶，屋顶的坡度很大。尖尖的屋顶如同双手合十一般，所以这里的房子也被叫作'合掌造'。冬天白川地区雪下得很厚，有时连1楼的房门都打不开。下这么大的雪，如果房顶坡度不陡，会发生什么事呢?"

"雪就不会顺着房顶落下，而在房顶**一层一层**地堆着。"

屋顶仿佛人们双手合十的样子。

日本白川乡冬天雪下得很大，有时连1楼的房门都打不开。
遇到1楼大雪封门，就从2楼放下梯子，从2楼进出。

"房子承受不住雪的重量，就会倒塌。"

宝丽和奎利你一句我一句地回答道。

"而且人们通常用周围容易找到的材料来盖房子。生活在冰雪覆盖的北极地区的因纽特人利用冰和雪来盖房子，把用**雪**制成的砖头或**冰块**堆积起来盖成房子，这种房子叫作伊格鲁。"

"我也知道伊格鲁，我在书上看过，我来告诉你是怎么回事。"

这次，奎利自告奋勇。

"伊格鲁的顶部有一个小孔，以便新鲜空气进入，入口是一条短隧道，可以抵御冷风吹进屋子里。因为冰屋可以阻挡外界的寒冷，所以屋子里相当暖和。"

又是一阵悦耳的乐曲声和清脆的爆竹声在耳边响起，漫天的**小纸花**纷纷扬扬地撒落下来。奎利高兴极了，乐得笑开了花。

"太冷了，我们赶紧回去吧。路上我给你们讲讲我们韩国的传统建筑。我以前跟你们说过吧，韩国的气候，冬天受大陆的影响，寒冷干燥，夏天受海洋的影响，炎热潮湿。所以韩国的祖先们找到了在温暖中度过寒冬、在凉爽中度过酷暑的方法，制造了暖炕和高脚地板。"

"去乡下奶奶家的时候我已经听说了。在炉灶里生**火**，热气经过房间下面，把地面**烘热**，然后通过烟囱排出去，没错吧？"

"所以炉灶旁边的地面在冬天特别烫人。"

奎利似乎想起曾经被烫过，一下子蹦了起来说道。

"没错，还有高脚地板是把一些木板在高出地面的位置铺平，人们可以席地而坐或者在上面来回走动。高脚地板通风很好，所以很凉爽。"

"原来我们韩国的祖先建造房子的时候，也是考虑到冷天和热天了呀。"

暖炕是一种取暖装置，在炉灶里生火，热气使铺在地面上的石板升温，从而烘暖整个房间。

烟囱

啊，真暖和！

得在炉灶里生火，烘烘房间。

炉灶

炕板石

茅草墙包裹在屋子外围，距离墙壁130厘米—150厘米。

在郁陵岛地区，房子四周裹上一圈茅草墙，遮蔽风雪，在门上安装可以卷上去的卷帘门，保持房间内空气流通。

　　宝丽微微一笑。

　　就在这时，天气精灵挥舞了两下魔法棒。眨眼间，天气精灵和双胞胎姐弟俩就来到了一个海边的小村子。

　　"哇，快看那个房子！被什么东西包起来了！"

　　"这里是**郁陵岛**，那个东西叫作茅草墙。郁陵岛经常刮风，冬天经常下雪。所以郁陵岛的人们为了抵御风、雪，把紫芒或者玉米秸秆编织起来做成围墙，从屋檐末端到地面竖起，这就是茅草墙。冬天，茅草墙可以遮挡寒冷的风雪进到屋子里，夏天可以遮挡太阳光。"

　　"祖先们根据天气建造房屋的智慧真是**令人惊叹！**"

　　宝丽与奎利同时感叹道。

谚语可以告知天气?

"谚语中也包含了许多祖先的智慧,很多谚语也可以告诉我们天气。"

天气精灵带着宝丽和奎利来到了可以观赏晚霞的地方。

"你看那边的晚霞,真是太美了!霞光是日出或日落时,天空被阳光染成红色的现象。有句谚语叫'晚霞行千里'。"

"晚霞和天气有什么……"

"我慢慢跟你解释,讲起来挺复杂的。你认真听好了,晚霞和散射现象有很大关系。"

"啊,散射是什么?"

日落时分,天空中霞光浸染。

"阳光遇到大气中的尘土或水蒸气等微粒时射向不同方向的现象就叫作散射。大气中尘土很多，阳光就会发生散射，只剩下红光，所以霞光看起来是红的。霞光**越红**，说明大气中的尘土越多，尘土越多，相对来说水蒸气就越少。所以，傍晚天空中水蒸气少，第二天早上下雨的概率就很小，天晴的概率自然就大了。"

　　"看来，我们去田野实践的前一天，观察一下晚霞红不红，就能知道第二天的天气了。"

　　"下次田野实践的前一天，可得好好看看日落时的天空。"

　　宝丽和奎利瞪着**水灵灵**的大眼睛注视着天气精灵。

　　"是不是还有和下雨有关的谚语啊？奶奶经常说'日晕三更雨'。"

　　"与天气相关的谚语可多了。日晕是太阳周围出现的轮廓，月晕是月亮周围出现的轮廓。日晕和月晕是因为大气中漂浮的微小冰晶而引起的。"

　　"大气中冰晶很多的话，就会下雨。真的跟谚语说的一样呀。"

　　宝丽**拍手**叫道，天气精灵听了欣慰地点了点头。

月亮周围出现了一道圆环。

那个就是月晕！

蕴含天气知识的谚语

许多与天气有关的谚语，同实际情况完全相吻合。下面我们一起来学习一下吧。

燕子低飞要下雨

燕子主要以昆虫为食，当空气湿度增大时，昆虫的翅膀就会变重，无法高飞，只能在草地上或草丛里休息。因为食物在较低的地方，所以燕子为了捕食也会飞得很低。空气湿度大就意味着下雨的概率大。燕子低飞的理由也可以通过气压来解释。天气阴沉或下雨时，一般气压会变低，这时昆虫也飞得很低，所以燕子为了捕食也会飞得很低。

远处钟声清，何必问天公

天气阴沉或多云时，地面因为无法接受很多阳光的照射，气温较低。地面周围的空气只有充分吸收热量才能上升，因为空气无法上升，所以声音无法向上传播，只能向下传播。因此，与晴天相比，阴天时钟声听起来更加清晰。阴天时清晰地听到钟声，就意味着声音无法向上传播，天气阴沉，下雨的概率大。

"汽笛声音临近会下雨"，"地面烟雾缭绕会下雨"等谚语也是同样的道理。

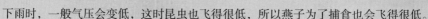
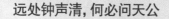

星光闪烁，夜虽晴，有大风

有时星光看上去似乎微微颤动，是因为高空中空气流动速度加快。这种空气的流动影响地面，带来大风。

水缸穿裙子，天就要下雨

冰冷的水缸接触到温暖的空气，空气中的水蒸气会凝结形成小水珠。所以水缸外壁会有水珠凝结。水缸穿裙子是指水缸表面齐着水面所在位置往下，凝结了许多水珠，这说明空气中有很多水蒸气，因此下雨的概率很高。

珍珠冰雹冷如铁

雪的形状由温度、湿度、风等决定。当温度接近 0 ℃时，雪的结晶互相接触凝结，雪花变大。当温度更低时，雪花变小。所以天气十分寒冷时，会下冰雹。因此说下冰雹时天气十分寒冷。

了解天气是战争取胜的法宝之一

攻击这里！

"天气跟战争也有很大关系。"

"天气竟然跟战争也有关系？真的吗？"

奎利歪着脑袋不得其解。

"19世纪，德国东北部的普鲁士，有一名军官叫作卡尔·冯·克劳塞维茨。他在《战争论》一书中写道：'比起周密的作战，当天的气象条件才是左右成败的因素。'"

天气精灵挥了一下手中的魔法棒，摸了一下头上的角，立刻响起了语音讲解：

"现在开始讲解与天气有关的战争趣事。"

"啊哈哈！语音讲解怎么是爷爷的声音啊？哎呀，真是太搞笑了！"

宝丽和奎利咯咯笑个不停。

"爷爷讲故事才有意思嘛！"

天气精灵刚说完，爷爷便开始讲故事了：

"很久很久以前，中国古代三国时期，有一个上方谷之战的故事。三国时代指的是《三国志》中魏、蜀、吴三国鼎立的时期。这个时期，蜀国的军师诸葛孔明运用自己周密的作战计划，带领蜀国

上方谷之战

你装作节节败退，把司马懿引入上方谷，你去把粮草囤放谷内，让士兵们在里埋伏。

诸葛孔明

是！

蜀军军营

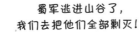

蜀军逃进山谷了，我们去把他们全部剿灭！

司马懿

杀啊！

呵呵，是蜀军的粮草啊，全给它烧了，断他们口粮！

魏军全都进入山谷里了，快把谷口堵住，向谷里射箭放火！

啊，救命啊！

啊，烫死我了！

这是怎么回事！

快逃吧！

啊，烫死了！

呃，气死我了，我又中了诸葛孔明的计了……

哦，下雨了！

哇，我们得救了！

司马懿和魏军相安无事地逃出了上方谷。

真是天助我也。

哎，真是谋事在人，成事在天啊！

所向披靡，但也因为天气而发生过意想不到的结果。"

天气精灵接着说：

"魏国的司马懿多亏了突然而来的阵雨，从上方谷之战当中得以幸存。虽然可以说他运气好，遇到天降阵雨幸存下来，但仔细想想，突然天降阵雨的原因也是有其科学原理的。"

"什么原理？快告诉我啊。"

宝丽**催促**道。

"空气如果变热，会向上升形成云。由于蜀国将士们在上方谷里放了一把大火，谷里的空气变得很热。温度急剧上升的空气很快升到空中，形成积雨云。在距离地面很近的地方形成巨大的积雨云，不就是聚拢雷电、阵雨的云层吗？而且粮草被火烧焦以后形成的灰烬和浓烟升到天空，起到了凝结核的作用，这样一场**大雨**在所难免。"

"诸葛孔明如果知道会下雨的话，结果就会不一样了。"

"是呀，诸葛孔明如果多了解一些关于山沟的地形特征和天气的话，就不会输掉这一战了。"

"天气真是对战争的胜负起决定性作用啊。"

天气精灵又摸了一下自己的角，爷爷的声音再次响起：

"从前，19 世纪法国的拿破仑·波拿巴取得了战争的胜利，在欧洲建立了最强大的帝国。但是据说他带领士兵远征苏联时，也是因为天气寒冷功亏一篑。"

天气精灵接着说：

"寒冷与炎热也给战争造成了很大的影响。拿破仑因为寒冷没能

拿破仑远征苏联

征服苏联，而且据说在苏联之战惨败后便兵力一蹶不振。"

"原来如此。"

"德国的希特勒也跟拿破仑很相似。"

"希特勒？发动第二次世界大战的希特勒？"

"对，希特勒于 1941 年 6 月带领 350 万军队和 3800 架战车远征苏联。虽然一开始捷报连连，但渐渐地情况发生了变化。最大的问题就是寒冷。苏联的冬天平均气温在零下 10 ℃以下，而且经常有降到零下 20 ℃以下的时候。"

"呃啊，我真的**讨厌**大冷天，大冷天寸步难行。"

奎利皱着眉头。

"而且希特勒因为跟兵士们约好速战速决，于是兵士们没有带厚的衣服就来到了苏联。但是随着战争时间的拖延，兵士们渐渐变得疲惫不堪，失去了战斗的意志。于是德军最后放弃夺取苏联回到了德国。"

"原来是苏联的天气导致了希特勒的失败呀。真没想到天气和战争有这么密切的联系。"

"是啊，第二次世界大战中爆发的诺曼底登陆作战也跟天气有着很深的联系。指导这次作战的美国军官艾森豪威尔命令负责天气预测的人制作了在当时具有划时代意义的天气预报。也就是提前5日预测天气情况，想要在诺曼底安全登陆，必须知道涨潮和退潮的时机，还有天气因素。"

真是一个实施作战的好天气。

"那时就有天气预报员了啊。"

奎利**惊讶**地说道。

"那当然了。那时的天气也跟生活密切相关。天气预报员说，6月最适宜登陆作战，可没想到一到6月，天气越来越恶劣。但是天气预报员又报告说6日开始，天气会稍微好转。艾森豪威尔根据这一信息，于6日清晨实施了登陆作战计划。"

"德军是怎么想的？"

"相反，德军认为因为6月天气会持续恶劣，艾森豪威尔不会展开登陆作战，于是**疏忽**了对诺曼底海岸的警戒。据说多亏如此，诺曼底登陆战才能获得成功。"

"哇，这次也是因为天气决出胜负的啊。"

宝丽和奎利同时喊道。

本章要点
回顾

Q 为什么我们的身体会受到天气的影响？

A 人的身体可以不受外界温度影响保持恒定体温，但如果周围空气过冷或过热，我们的身体都会出现异常，从而产生各种疾病。

天气过热，会得热射病，天气过冷，容易患上低体温症，如果持续干旱，还会营养失调，并导致各种传染病。

Q 郁陵岛的房子是如何搭建的？

A 郁陵岛经常刮风，冬天经常下雪。所以郁陵岛的人们为了抵御风、雪，把紫芒或者玉米秸秆编织起来做成围墙，从屋檐末端到地面竖起，这就是茅草墙。冬天，茅草墙可以遮挡寒冷的风雪进到屋子里，夏天可以遮挡太阳光。

Q 日晕出现会下雨，这是真的吗？

A 日晕是太阳周围出现的轮廓，月晕是月亮周围出现的轮廓。日晕和月晕是因为大气中漂浮的微小冰晶而引起的，大气中冰晶很多的话，就会下雨。

暖炕有什么优缺点?

暖炕是传统的取暖方式，在炉灶里生火，热气经过房间下面，把地面烘热。暖炕燃烧柴火，十分经济，具有耗费燃料少、烘热面积大的特点，而且不易损坏，使用起来十分方便。

但地面和房间的空气会出现一定的温度差，湿度被蒸发，房间内比较干燥。

诸葛孔明在上方谷一战中为何功亏一篑?

诸葛孔明不了解山谷的地形特点和天气的关系。空气变热时，向上攀升形成云。

上方谷之战中，蜀国将士们在上方谷里放了一把大火，谷里的空气变热。温度急剧上升的空气很快升到空中，形成积雨云。粮草被火烧焦以后形成灰烬和浓烟，升到天空，起到了凝结核的作用，带来一场阵雨。因此，司马懿和魏国的士兵们成功逃出上方谷，诸葛孔明则功亏一篑。

第 4 章

征服天气

一天当中什么时候气温最高?

"哎呀,好冷啊,**好冷!**"

"冷什么冷啊?"

奎利不悦地说。

"你不冷,我冷!"

奎利实在无法理解宝丽怎么一直说冷。

"不要吵了。每个人对冷热的感觉不同,所以才有温度嘛。"

"以后跟天气精灵出来,我可得穿得**厚点儿**,飞来飞去虽然挺有意思,但是天上也太冷了!"

听了宝丽的话,天气精灵神秘一笑说:

"现在我们一起去教室里吧,那里到处都是曲线图和表格。你们放心,到教室就不会像现在这么冷了。那里有许多与天气有关

起风了,凉飕飕的。

谁说的?多好的天儿呀!

的数字，估计到时候你们又要晕头转向了，不过别怕，跟我来吧，出发！"

宝丽、奎利和天气精灵来到教室，教室里有各种工具和曲线图。天气精灵把教室里的温度计拿过来说：

"现在我们亲自来测量一下温度吧。"

"咦，和家里的温度计不一样啊，每次我生病的时候，妈妈都用温度计给我量体温。"

"这个温度计怎么用啊？"

"使用温度计之前需要知道一些事情，温度的单位有摄氏和华氏，知道吧？"

"嗯，我们国家使用摄氏温度，以前在书中见过。"

"摄氏温度？华氏温度？太难了吧，我根本搞不懂。"

听到天气精灵与宝丽的对话，奎利搔了搔脑袋说道。

天气精灵**拍了拍**奎利说：

"你是不熟悉才会这样的，摄氏和华氏都是温度的单位，就像公斤（kg）和磅（lb）都是重量单位，厘米（cm）和英寸（inch）都是长度单位一样。"

"啊，原来如此。"

"测量温度时最常用的是摄氏温度，它的符号是℃，在标准大气压下，纯水的沸点是100 ℃，冰点是0 ℃，在0与100之间有100个温度值。华氏温度的符号是°F，标准大气压下纯水的沸点是212 °F，冰点是32 °F，两者之间有180个温度值。"

"天气精灵，我只要把我们国家使用的摄氏温度学好就可以了吧？"

"对，首先要把摄氏温度好好记住。"

"好的。"

奎利**开心地**说。

"温度计上刻有刻度，大的刻度是每 10 ℃为一间隔，小的刻度是每 1 ℃为一间隔。温度计上有一个玻璃泡，测量液体温度时，要将温度计的玻璃泡完全浸入液体中。"

"我知道怎么读取温度计，这个我来解释。"

宝丽自告奋勇地说。

"读取管式温度计的时候，要在距离温度计 20—30 厘米左右的地方，将视线高度与温度计刻度保持水平，然后读取温度计红色液体柱停留处对应的刻度就行。"

"**哎哟**，不错嘛。"

天气精灵大为惊讶，他手指一弹，四周乐声响起、爆竹绽放，宝丽迎着漫天飞舞的纸花，高兴极了。

"下面，我们从图表上来看一下测定的温度吧。"

"好的。"

天气精灵挥动着他的魔法棒又变出了许多张纸。

管式温度计
最上面有一个用来挂绳子的位置，下面球状玻璃泡里有红色液体。液体在管内上下移动显示温度。

头部 ——
刻度 —— 玻璃管
—— 玻璃管
浸入线 ——
—— 玻璃泡

读取红色液体柱尾部对应的刻度即可。

"下面这个图表是韩国2013年1月1日的时平均气温，这个图标叫作曲线图标。横轴代表时刻，纵轴代表温度。你们觉得一天中什么时候温度最低，什么时候温度最高呢?"

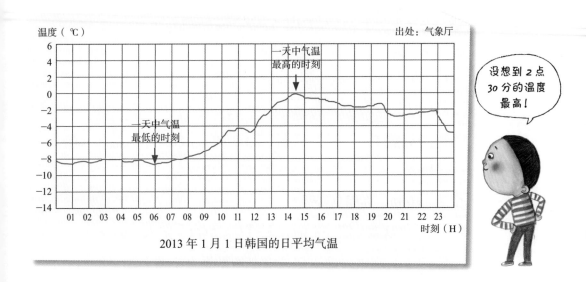

2013年1月1日韩国的日平均气温

奎利仔细看了看，回答说：

"6点，太阳即将升起的时候气温最低，下午2点30分左右气温最高。"

"那为什么一天中最高气温的时候不是12点**太阳**正当头的时候，而是下午2点30分呢?"

奎利歪着脑袋冥思苦想。

"正午12点的时候，虽然地面接收太阳的能量最多，但是地面要想变热还需要一定的时间。"

"啊，原来如此。"

降雨量该如何测试？

"我们一起来测量一下这次的降雨量吧。"

"降雨量怎么测啊？又不能把掉在地上的**雨点**装起来。"

"哈哈，奎利呀，你这也不知道吗？下雨或下雪的时候放一个器皿在外面就可以了。"

宝丽把奎利**嘲笑**了一番，而奎利假装没听见，继续向天气精灵问道：

"天气精灵，测降雨量用什么器皿都可以吗？"

"宝丽、奎利，你们觉得呢？"

被天气精灵这么一问，宝丽和奎利不知所以，陷入了沉思。

"一般受空气或风向的影响，雨点不是垂直下落，而是倾斜下落。所以，如果器皿的横截面是三角形或四边形，很多雨点就会落在外面。而如果器皿的横截面是圆形的，没有棱角和凹进的部分，雨点则很少会掉落在外面。所以测定降雨量时，最好选择圆形截面的器皿。"

① 测定降雨量时，要选择圆形截面的器皿。　② 器皿的上下截面宽度要一致。　③ 要选择透明器皿，以便看清雨水的高度。

宝丽和奎利点了点头。

"而且如果器皿上下两个横截面的宽度不一致，也无法准确测定降雨量。所以说，最好选择上下宽度一致的圆形器皿。最后，还要满足一个条件。"

"条件这么多，**太麻烦**了。"

"不要抱怨了，仔细听。"

宝丽朝怨声载道的奎利训斥道。

"你们俩不要吵了，仔细听我说。需要准备一个透明的器皿，测定降雨量的时候，需要把尺子紧贴在器皿外侧，必须能看到雨水的高度。"

奎利学着天气精灵的样子弹了一下手指，突然传来了爷爷的语音讲解声。

"用两个横截面面积不一样的器皿盛接雨水，两个容器中，哪个容器里雨水的高度更高呢?"

"哎呀！我居然忘记把语音讲解关掉了。讲解结束，语音讲解自动停止，我得赶紧把爷爷的语音讲解关掉。"

天气精灵**手忙脚乱**地赶紧关掉了语音讲解。

"哈哈,爷爷的声音又来了!"

宝丽和奎利大声笑道。

"好啦,别笑了。回答一下语音讲解提出的问题吧。"

天气精灵**尴尬**地说。

"虽然器皿横截面的面积不一样,但雨水的高度一样。"

"因为无论在哪儿,降雨量都是一样的。"

宝丽和奎利你一句我一句地回答着,天气精灵露出了满意的微笑。

"果然是宝丽奎利特工队啊!"

宝丽和奎利双手互击,**高兴**地跳了起来。

"以前我们做过测量降雨量的作业,可是每个小朋友测量的降雨量都不一样,所以根本不知道谁的正确。"

"遇到那种情况,可以进入气象厅的首页,查询一下当日的降雨量,这样就可以知道谁的数值正确了。"

"原来还有这样的方法啊!"

"我们再来看一下表格吧。这个表格是 2007 年到 2011 年间,整个韩国和首尔的年平均降雨量。如果想更直观地比较整个韩国和首尔的降雨量,最好选择柱形统计图。"

单位:毫米　出处:气象厅

	2007 年	2008 年	2009 年	2010 年	2011 年
整个韩国	1515.0	1028.3	1265.7	1499.1	1622.6
首尔	1212.3	1356.3	1564.0	2043.5	2039.3

2007—2011 年韩国年平均降雨量与首尔年平均降雨量

"横轴代表年度，纵轴表示降雨量，柱形表示各年度不同地区的降雨量。"

听到宝丽的话，天气精灵惊讶地**瞪大**了眼睛。

"没错，那么根据这个柱形统计图，在整个韩国，首尔是降雨量多的地区呢？还是降雨量少的地区呢？"

"除 2007 年之外，其余年份首尔的年平均降雨量都普遍多于整个韩国的年平均降雨量，由此可知，首尔比其他地区的降雨量更多。"

"而且根据这个柱形统计图还可以知道，韩国的年降雨量从 2008 年开始就不断增加。"

宝丽和奎利相继回答道。这时，不知从哪里爆发出一阵热烈的**掌声**。

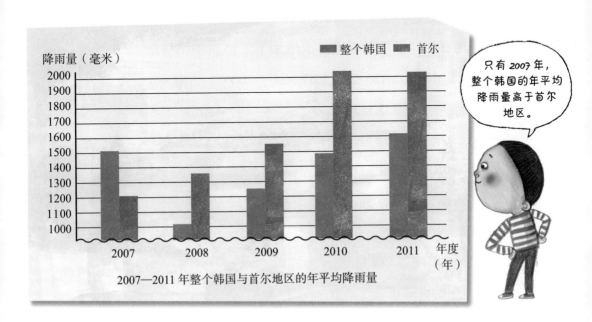

只有 2007 年，整个韩国的年平均降雨量高于首尔地区。

2007—2011 年整个韩国与首尔地区的年平均降雨量

113

梅雨季节的降雨量有多少?

"每年六月下旬至七月下旬是韩国的梅雨季节。"

"我知道,学习气团的时候讲过啦。"

"噢,奎利的记忆力真好!这个时期,湿冷的鄂霍次克海气团与湿暖的北太平洋气团相遇,产生梅雨锋线,所以**雨量较大**。"

"咦,好奇怪啊,最近几年好像没有听到有关梅雨的报道。"

"是啊,最近几年,梅雨季节到的时候不集中下雨,反而梅雨时节前后**雨量较大**,所以梅雨预报没有太大的意义。从 2008 年开始,就不再预报梅雨了。"

"原来是这样啊。"

"还有,好像降雨量也逐渐**增加**了。20 世纪第一个 10 年,韩国的降雨量只有 1.156 毫米,但是到了 2000 年左右,已经增加到了 1.375 毫米,2008 之后,降雨量更是不断增加。"

"那意思是说,韩国的雨越来越大吗?"

"是的,不仅雨量大,而且下雨的方式也变了。让

只有这个地方集中下大雨,最近整个韩国每次下雨都是这种情况。

一会儿该淋湿了。

我们一起来了解一下吧。下面这个图表是 20 世纪初到 2010 年，首尔地区降雨量的变化图。虽然有一些细微的差别，但能看出来吗？总体来说，降雨量还是不断增加的。"

宝丽和奎利**点点头**。

"图表中没有表示出来，虽然降雨量逐年增加，但是下雨、下雪、下冰雹等的天数却减少了。也就是说，天气情况更趋向于在短时间之内集中下大雨的趋势。"

"在韩国，下多大的雨，算是大雨呢？"

"每个人的感觉不一样，一般 1 小时内降雨 1—3 毫米，雨丝纤细不需要**打伞**；1 小时内降雨 5—7 毫米，雨丝变粗，地上开始出现水坑；当 1 小时内降雨 11—15 毫米时，即使穿雨衣也很容易被淋湿，这个时候人们就觉得是大雨了。"

"我喜欢下雨的时候出去踩水。"

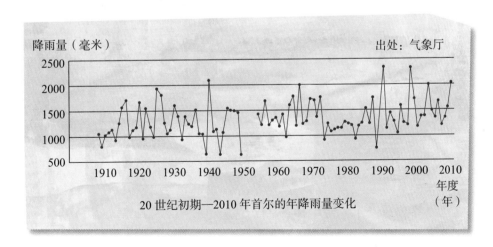

20 世纪初期—2010 年首尔的年降雨量变化

"可不能踩水啊，要是道路都被水淹了呢？每小时降雨量达到 30 毫米的时候，下水道里的水**哗哗**涌出，大雨倾盆，一般这时候被看作是开始集中下暴雨，前方视线模糊不清。当降雨量达到每小时 100 mm 以上的时候，就如同瀑布飞流直下一般。"

"哎呀，好害怕呀！"

宝丽好像真被吓到了一样，蜷缩着身子说。

"这个表格是 1971 年—2000 年和 1981 年—2010 年韩国的年降雨量和降雨持续的时间。降雨持续时间指的是一天降雨量超过 0.1 毫米的时间。根据这个表格，我们来看一下首尔和济州的单位时间降雨量

降雨量单位：毫米　降雨持续时间单位：小时　出处：气象厅

		首尔	仁川	春川	釜山	济州
1971—2000 年	降雨量	1344.3	1152.3	1266.8	1191.5	1457.0
	持续时间	802.9	698.0	831.4	838.6	1028.2
1981—2010 年	降雨量	1450.5	1234.4	1347.3	1519.1	1497.1
	持续时间	802.5	709.7	832.3	792.1	965.4

韩国主要城市的年降雨量和降雨持续时间

好吗？"

"那怎么知道？"

"将首尔和济州的降雨量除以降雨持续时间，就可以得出单位时间降雨量啦。首尔的是 1344.3 ÷ 802.9 = 1.674。"

在天气精灵的**启发**下，宝丽和奎利立刻仔细计算起来。

"经过计算，与 1971 年到 2000 年相比，1981 年到 2010 年期间，首尔与济州短时间内的降雨量更大。"

天气精灵说，其实短时间内强降雨弊端很大。

单位：毫米／小时

	首尔	济州
1971—2000 年	1.674	1.417
1981—2010 年	1.807	1.551

单位时间内的降雨量

这是单位时间内的降雨量。

让我们来测测风力吧

"现在好像可以测量风力了……"

听了奎利的话，天气精灵强忍住笑容说：

"**呵呵！**是啊，你都快成天气博士了，风向和风力得一起测定。首先我们来制作一个简易风向杆，了解一下风力的测量方法，材料我都准备好了。"

宝丽和奎利认真地做着风向杆。

制作风向杆

准备材料：彩色纸、剪刀、玉米秆、玻璃瓶。

① 把纸张剪成三角形，制成风向杆的前翅膀和后翅膀。

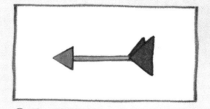

② 取一根稍长的玉米秆，将①中制成的翅膀分别固定在玉米秆的前侧和后侧。

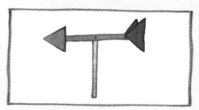

③ 再取一节玉米秆作为底柱，将②中制成的杆子固定在其上端。

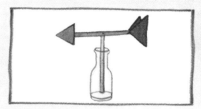

④ 将底柱插入玻璃瓶中，简易风向杆制作完毕。

"好了！全都做好了。"

"准备好风向杆之后，还要画出表示方向的方位图。"

宝丽和奎利在一张大纸上标示出东西南北，方位图就做好了。

"一切准备完毕，现在可以开始测定风向了，我们带着风向杆，到通风较好的地方去吧。"

"哎呀，太好了。"

天气精灵魔法棒一挥，双胞胎眨眼功夫就来到了楼顶。

"观测风的时候，要选择不被建筑物或树木挡住的地方。选准位置之后用指南针校准东西南北方位，然后把玻璃瓶放在方位图的中间即可。这时风向杆箭头指示的方向便是风吹来的方向了。"

"哇，测量风向没有想象的那么难嘛！"

天气精灵又铺开了一张纸。

"下面这张表是韩国风力最强的地区和风速的整理情况。这里记录的风速是瞬时间的最大风速，我们通常使用最多的也是这个极大风速。"

"哎呀，怎么又是表格啊。我**最不喜欢**表格了，那么枯燥……"

单位：米/秒，出处：气象厅

	1位		2位		3位	
	日　期	风速	日　期	风速	日　期	风速
高山	2003. 9. 12	60	2002. 8. 31	56.7	2007. 9. 16	52
束草	2006. 10. 23	63.7	1980. 4. 19	46	1974. 4. 22	46
莞岛	2012. 8. 28	51.8	1999. 8. 3	46	1986. 8. 28	46
郁陵岛	2007. 9. 17	52.4	1992. 9. 25	51	1990. 12. 11	49
蔚珍	1997. 1. 1	51.9	1983. 4. 27	50	1997. 1. 2	49.8
济州	2003. 9. 12	60	1959. 9. 17	46.9	1986. 8. 28	41.6
黑山岛	2000. 8. 31	58.3	2002. 8. 31	50.2	2010. 9. 1	45.4

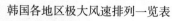

韩国各地区极大风速排列一览表

天哪，这个表好复杂啊！

天气精灵装作没听见的样子说：

"根据这张表，你们可以知道最强的风什么时候在哪里出现的吗？"

"我有点迷糊了，一下子找出来有点儿困难。"

単位：米/秒

排　位	地　区	日　　期	风速
1 位	束草	2006. 10. 23	63.7
并列 2 位	高山	2003. 9. 12	60
并列 2 位	济州	2003. 9. 12	60
4 位	黑山岛	2000. 8. 31	58.3
5 位	高山	2002. 8. 31	56.7
6 位	郁陵岛	2007. 9. 17	52.4
7 位	高山	2007. 9. 16	52
8 位	蔚珍	1997. 1. 1	51.9
9 位	莞岛	2012. 8. 28	51.8
10 位	郁陵岛	1992. 9. 25	51

韩国强风顺序排列一览表

原来束草地区
的风力最强啊！

"那么，按照风力的大小，从第 1 位排到第 10 位，这样看就比较容易了。"

天气精灵又拿出一张表。

"哇，一眼就看出束草地区的风力最强了。"

宝丽看着表格说道。这时，奎利插了一句说：

"前 10 位当中高山出现了 3 次，那么可以说高山地区强风次数最多。"

"现在奎利也能看懂图表啦。"

天气精灵抚摸着宝丽和奎利的头说。

韩国经常刮台风吗?

"韩国的大部分强风都是由台风引起的。2003 年 9 月 12 日济州岛的高山和济州地区刮起了每秒 60 米的强风,这次强风是由台风梅米带来的;2000 年 8 月 31 日黑山岛地区每秒 58.3 米的强风也是由于受到台风布拉万的影响。"

"台风太吓人了,去年夏天台风过境的时候,家门口的大树都快**被连根拔起**了。"

"嗯,即便是受到台风的间接影响,也会狂风肆虐。我们来看一下韩国每年因台风遭受的影响吧。"

突然,奎利淘起气来,一把抢过天气精灵的魔法棒。

"奎利,你……"

奎利虽然马上把魔法棒还了回去,但天气精灵还是一脸惊恐地**紧紧抱着**魔法棒说:

"下面这个表格是 1904 年到 2012 年,韩国每个月份台风发生次数一览表。"

月份	1	2	3	4	5	6	7	8	9	10	11	12
次数	0	0	0	0	2	21	96	126	82	8	0	0

1904—2012 年韩国台风发生次数一览表

看来 8 月份台风次数最多。

"哇，大部分的台风都是在 7 月—9 月啊。"

"是啊，从 1904 年到 2012 年，这 109 年间韩国一共发生了多少次台风呢？把 1 月到 12 月的台风次数加起来算算看。"

用 2012 减去 1904，然后再加上 1，便得到 109 年啦。

"2 + 21 + 96 + 126 + 82 + 8 = 335，这么说，109 年内一共发生了 335 次台风。"

宝丽回答道。

"没错，那么韩国平均每年受到台风影响几次？"

"用台风总数除以 109 年，335 ÷ 109 = 3.0377……，所以是 3 次。"

听了奎利的回答，天气精灵竖起来**大拇指**称赞道：

"理解得不错嘛，韩国每年大概受 3 次台风的影响，那么哪个月份台风发生频率最高呢？"

"第 1 位是 8 月份，第 2 位是 7 月份，第 3 位是 9 月份，7—9 月之间，韩国一共来过 304 次台风。"

奎利对天气精灵的提问**对答如流**。

"嗯，看样子奎利现在会看表格了，那么这次我们计算一下 7—9 月份台风发生的概率是多少，会算吧？"

"当然了，用 7—9 月份的台风数除以台风总数就可以啦。96 + 126 + 82 = 304，304 ÷ 335 × 100 = 90.746……，约等于 91%，也就是说 7—9 月份的台风数占总台风数的 91%。"

奎利声音刚落，周围又响起了一阵乐曲声，天空中烟花绽放，纸花飞扬。

韩国的气候是怎么变化的？

"2012 年，韩国出现了很多次异常的天气情况，不仅出现了史无前例的**低温**天气，还连续刮了几场台风。"

听天气精灵这么一说，宝丽问道：

"只有 2012 年的气候异常吗？"

"其他年份怎么样这个说不好。现在全球变暖，韩国也不例外，还是先看看图表吧。"

"图表上根本看不出每年气温上升。"

"反而看上去气温在下降。"

宝丽和奎利都觉得这个表格**很奇怪**。

唉，气温还下降了呢！

出处：气象厅

	2007 年	2008 年	2009 年	2010 年	2011 年	2012 年
平均气温	13.3 ℃	13.1 ℃	13.1 ℃	12.7 ℃	12.4 ℃	12.3 ℃
最高平均气温	18.7 ℃	18.6 ℃	18.6 ℃	17.9 ℃	17.7 ℃	17.6 ℃
最低平均气温	8.9 ℃	8.3 ℃	8.3 ℃	8.2 ℃	7.8 ℃	7.8 ℃

2007—2012 年韩国的平均气温

这时，天气精灵嘿嘿一笑说：

"那下面这个表怎么样？这是从 1973 年到 2012 年，韩国全国的气温情况。"

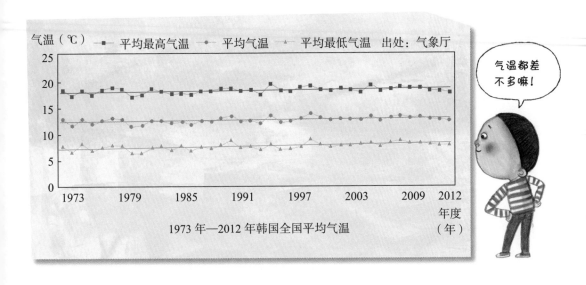

1973 年—2012 年韩国全国平均气温

"这个表也看不出平均气温每年都在上升。"

宝丽**歪着脑袋**不得其解。

"电视新闻和报纸上也经常说气温升高，引起气候变化。可是这个图表上显示平均气温升高的幅度很小，而且气温升高给气候带来的变化也非常小。"

"你们看下面这个地球年平均地表温度变化图，就能发现变化了。"

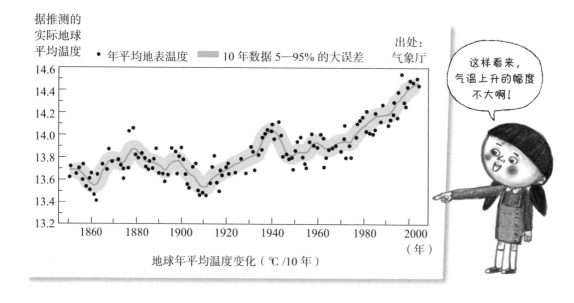

据推测的
实际地球
平均温度

• 年平均地表温度 ▬ 10 年数据 5—95% 的大误差

出处：
气象厅

这样看来，气温上升的幅度不大啊！

地球年平均温度变化（℃/10 年）

"这个表是干什么用的?"

"这是地球整体的气温变化表，从 1912 年到 2008 年，96 年间，地球温度大概上升了 0.74 ℃。"

"啊，原来是这样。看这个表就能看出气温上升了。"

"天气精灵，我不想再看表了!"

看着奎利一脸疲倦，天气精灵却笑嘻嘻地说：

"好吧，那就把看过的表记住就行。"

"那韩国的气温也上升了吗?"

"韩国气温上升的幅度更大，同一时间里，韩国的六大城市：首尔、江陵、仁川、釜山和木浦的平均气温上升了 1.7 ℃。"

"气温上升 1—2 ℃很危险吗? 真的吗?"

"我们来听一下语音讲解吧。"

126

"这次的语音讲解会是谁的声音呢？好期待呀！"

宝丽和奎利好奇地听着语言讲解。

"地球温度每上升 1 ℃，每年就会有 30 万人因为炎热感染传染病死亡，会有 10% 的生物物种濒临灭绝。"

"啊，是我们班主任的**声音**！"

宝丽和奎利惊讶地瞪大了眼睛，天气精灵关掉语音讲解接着补充道：

"地球的温度上升 2 ℃，热带地区的农作物产量将会大量减少，将会有 5 亿人面临饥饿，33% 的生物种类完全灭绝；地球温度上升 5 ℃，喜马拉雅山脉的冰川将会完全融化消失，纽约和伦敦将会被海水淹没，从地球上消失。你们不觉得很恐怖吗？"

"啊，城市会在地球上消失？"

"是啊，冰川融化，北极熊生存的地方也越来越少了。"

宝丽和奎利突然**害怕**起来。

天气精灵，再见！

天气精灵将魔法棒一挥，眨眼间，宝丽和奎利又回到了家里。

"孩子们，今天**玩得开心**吗？"

"嗯，太开心了。我们终于知道天气预报需要那么多的工具和技术啦。"

宝丽开心地回答道。

"没想到天气对我们人类竟然这么重要，我终于明白冷热各有它的含义，现在我再也不会抱怨天气热了。"

奎利兴奋地说。

"哈哈，奎利你嘴上说不喜欢去，看来还是听得蛮认真的嘛。"

天气精灵**微笑着**看着奎利，奎利害羞地搔了搔后脑勺。

"对了，我们去田野实践那天的天气怎么样啊?"

"这个嘛，你们已经学习了预报天气的方法，自己预测一下吧。"

"唉，那么复杂的事情我们怎么预测啊，你快告诉我们吧。"

奎利催促着，天气精灵却乘上云朵说:

"会如你们所愿的……"

"真的吗? 哇，太好了。"

宝丽和奎利高兴地**又蹦又跳**。

"孩子们，我要走了，想知道有关天气的问题随时找我。"

"好舍不得你走啊，我们下次再找你来玩。"

"天气精灵，再见!"

宝丽和奎利在窗边向天气精灵挥手道别，直到天气精灵消失在视线里。

本章要点
回顾

 如何读取管式温度计？

A 　　读取管式温度计时要在距离温度计20—30厘米的位置，视线与温度计的刻度保持水平，读取温度计红色液体柱停止地方对应的数字即可。

　　注意不要握住管式温度计的圆形部分，这样做会导致温度发生改变。

 哪个器皿中雨水的高度更高？

 　　下雨的时候两个横截面面积不同的器皿中，雨水的高度相同。因为无论在哪里，降雨量相同，所以即使横截面面积不同，雨水的高度也是相同的。

一天中为什么午后 2 点气温最高?

 虽然太阳在正午 12 点达到最高点,但地表面吸热升温需要一定的时间,所以在午后 2 点左右地面和水面的温度达到最高。

 自 1912 年到 2008 年,地球的平均温度怎样变化?

据推测的实际地球平均温度

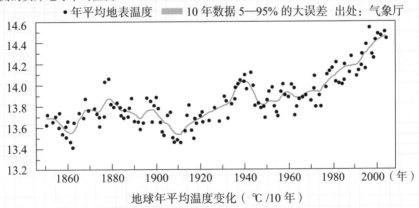

地球年平均温度变化（℃/10 年）

 从表中可以看出,自 1912 年到 2008 年,96 年的时间里,地球的温度变化不到 1 ℃,上升幅度很小。1990 年以后,温度变化幅度加大,总体来看,地球温度持续升高,因此农作物产量减少、冰川消融等问题日趋严峻。

核心术语

降水量
因为雨、雪、冰雹、雾等，在一定时间和一定地点降落的水的量。

季节风
又叫季风，是由海陆分布、大气环流、地形等因素造成的，以一年为周期的大范围对流现象。

谷风
由山谷吹向山顶的风叫作谷风。

气团
性质相似的空气聚集在一起形成较大的空气团。

气象卫星
为探测地球的气象情况发射的人工卫星。

气压
空气挤压的力，就是空气的压强，也叫作大气压。空气比周围多、气压高的地方叫作高气压，空气比周围少、气压低的地方叫作低气压。

霞光
霞光是日出或日落时，天空被阳光染成红色的现象。

大气
受地球重力的影响，包围着地球的空气层，称之为大气。

等压线
把气压相等的地点在平面图上连接起来的封闭线。

无线电探空仪
观测大气上层的气象状况并将数据发回观测站的一种观测装置。

百叶箱
为测量气温和湿度而制成的白色木头箱子。

山风
从山顶吹向山谷的风就叫作山风。

数值预报
利用超级计算机计算气温、气压、湿度、风向、风速、气团移动等，从而准确预报天气。

数值预报模型
以气象观测的数据为基础计算公式预测天气的一种电脑程序。

营养失调
供给身体生长所需营养或调节身体机能的营养素过多或过少而引起的一类身体异常状态。

暖炕

在炉灶里生火，热气使铺在地面上的石板升温，从而烘暖整个房间的取暖装置。

茅草墙

郁陵岛的人们为了抵御风、雪，把紫芒或者玉米秸秆编织起来做成围墙，从屋檐末端到地面竖起，就是茅草墙。

陆地风

晚上从陆地吹向海面的风。

伊格鲁

生活在北极地区的因纽特人把用雪制成的砖头或冰块堆积起来盖成的房子，

天气预报

分析构成天气情况的气温、湿度、气压等，通过气象厅、报纸、广播或网络，事先告知天气。

重力

地球吸引物体的力。

大暴雨

是指几十分钟内或几小时内在小范围地区的集中降雨。

最大瞬时风速

瞬间生成的风速的最大值。

风速计

测定风的强度——风速的机器。

风向计

观测风向的机器。

海风

白天从海面吹向陆地的风。

日晕

日晕是太阳周围出现的轮廓。

图书在版编目（CIP）数据

天气精灵出没 /（韩）吴允静著；（韩）赵娴淑绘；李民译 .
—上海：上海科学技术文献出版社，2021
　　（百读不厌的科学小故事）
　　ISBN 978-7-5439-8200-0

　　Ⅰ . ①天… 　Ⅱ . ①吴… ②赵… ③李… 　Ⅲ . ①天气—少
儿读物 　Ⅳ . ① P44-49

中国版本图书馆 CIP 数据核字 (2020) 第 200082 号

Original Korean language edition was first published in 2015
under the title of 날씨 깨비가 나타났다! - 틈만 나면 보고 싶은 융합과학 이야기
by DONG-A PUBLISHING
Text copyright © 2015 by Oh Yoon-jeong
Illustration copyright © 2015 by Cho Hyoun-Sook
All rights reserved.

Simplified Chinese translation copyright © 2020 Shanghai Scientific & Technological Literature Press
This edition is published by arrangement with DONG-A PUBLISHING through Pauline Kim Agency,
Seoul, Korea.

No part of this publication may be reproduced, stored in a retrieval system
or transmitted in any form or by any means, mechanical, photocopying, recording,
or otherwise without a prior written permission of the Proprietor or Copyright holder.

All Rights Reserved
版权所有，翻印必究

图字：09-2016-379

选题策划：张　树
责任编辑：王　珺
封面设计：徐　利

天气精灵出没
TIANQI JINGLING CHUMO
[韩]具本哲　主编　[韩]吴允静　著　[韩]赵娴淑　绘　李民　译
出版发行：上海科学技术文献出版社
地　　址：上海市长乐路 746 号
邮政编码：200040
经　　销：全国新华书店
印　　刷：常熟市文化印刷有限公司
开　　本：720mm×1000mm　1/16
印　　张：9
版　　次：2021 年 1 月第 1 版　2021 年 1 月第 1 次印刷
书　　号：ISBN 978-7-5439-8200-0
定　　价：38.00 元
http://www.sstlp.com